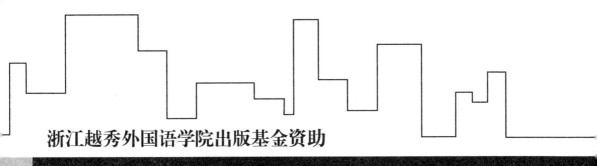

浙江越秀外国语学院出版基金资助

河套水利史上的杨家与杨家河

A Study on the Yang's Family and the Yangjia River
in the History of Hetao Water Conservancy

刘 勇 ◎著

U0268148

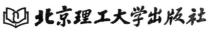

北京理工大学出版社
BEIJING INSTITUTE OF TECHNOLOGY PRESS

内 容 提 要

本书主要讨论河套近代水利史上具有重大影响的水利世家杨氏家族开发河套水利的历史与杨家河的历史：首先，介绍河套地区古代和近代水利开发的基本情况，指出河套近代水利开发是河套近代社会转型的决定性因素；其次，介绍河套水利世家杨家在组织开挖杨家河之前的水利开发活动，这一部分在介绍河套近代水利开发的渠工、渠头和地商的基础上，注重介绍杨满仓和杨茂林的治水实践；再次，介绍杨家河灌区的形成过程和杨家河的历史地位，指出杨家河是河套近代百年历史的一个缩影，在河套水利史、河套移民史、河套开发史、河套抗战史上均有重要地位；最后，介绍从进入河套之始到1946年杨家的商号谦德西败落为止，杨氏家族的兴衰及启示，以及杨家河从开挖至1949年从私有私管到公有公管的历史。

图书在版编目（CIP）数据

河套水利史上的杨家与杨家河 / 刘勇著. —北京：北京理工大学出版社，2018.1
ISBN 978-7-5682-5144-0

Ⅰ.①河…　Ⅱ.①刘…　Ⅲ.①水利史－研究－内蒙古　Ⅳ.①TV-092

中国版本图书馆CIP数据核字（2018）第006539号

出版发行 / 北京理工大学出版社有限责任公司
社　　址 / 北京市海淀区中关村南大街 5 号
邮　　编 / 100081
电　　话 / (010) 68914775（总编室）
　　　　　 (010) 82562903（教材售后服务热线）
　　　　　 (010) 68948351（其他图书服务热线）
网　　址 / http://www.bitpress.com.cn
经　　销 / 全国各地新华书店
印　　刷 / 北京紫瑞利印刷有限公司
开　　本 / 710 毫米 ×1000 毫米　1/16
印　　张 / 9.5　　　　　　　　　　　　　　　　　　责任编辑 / 江　立
字　　数 / 191 千字　　　　　　　　　　　　　　　　文案编辑 / 江　立
版　　次 / 2018 年 1 月第 1 版　2018 年 1 月第 1 次印刷　　责任校对 / 周瑞红
定　　价 / 58.00 元　　　　　　　　　　　　　　　　　责任印制 / 边心超

解放闸杨家河闸

杨家河第一节制闸碑

头道桥杨家河夏景

三道桥杨家河夏景

二道桥杨家河冬景

米仓县府一角

自 序

　　2015年夏天，我走进内蒙古杭锦后旗头道桥镇一个老地名为哈喇沟的村庄，穿过两边满眼绿色的乡村小道，见到了传说中的大杭盖杨茂林的长眠之地，内心忐忑不安。从小听父辈讲杨满仓、杨米仓和大杭盖杨茂林的故事，虽然故事里有种种神奇，但那是一个属于过去的时代，离我很远。多年以后，机缘巧合，我有幸研究杨家与杨家河以及已经被遗忘的杨茂林。穿过曲曲折折的羊肠小路，在村庄的极偏之所，于杂草之间，我来到了杨茂林的墓地。墓地普通得不能再普通，十米见方的草地，一堆经年的土丘，一块新立的石碑，这就是杭锦后旗开创者杨茂林的最后归宿。一切看起来都很平静，然而我的内心却并不能平静，恭敬地伫立在杨茂林墓前，时光退回到一百年前……

　　一百年前的杭锦后旗，是一片蛮荒之地。杨氏家族顺应河套近代开发的历史潮流，于1917年开挖杨家河，将百里不毛之地变成了一弯绿洲。杨家河开挖之际，河套水利正处于渠湮地荒、资金不足的低落时期。杨茂林率众兄弟于民国初年承包永济渠三年，取得了不错的成绩，因为永济渠承包权被无故剥夺，遂决心独立开创一条大干渠。杨家虽然在承包沙和渠的十年和永济渠的三年中积累了一定的资金，但本质上还是一户白手起家的农民家庭，当时的经济实力远没有达到开创一条大干渠的要求，开渠之资全靠大量举借。在杨家河的整个开挖过程中，杨家边开渠边借债，边借债边开渠。从1917年至1927年十年间，杨家在工程浩大、外债紧逼的情况下，勉强维持开渠局面。1919年，杨茂林不得已变卖掉大半家产，以偿还挖渠工人工资。1920—1921年，杨家工资与债息两亏，危在旦夕，杨春林以诈死来应付工人的逼债，以作缓兵之计。1922年、1923年，杨米仓和杨满仓相继在病困交加中去世。1926年，总指挥杨茂林因中风溘然长逝，年仅四十四岁。1932年，杨春林因劳累去世。杨家不仅是用银子开渠，用技术开渠，更是用生命开渠。我们以为杨家开杨家河是一件很平常的事情，其实那是一段波澜壮阔、惊心动魄的历史，远不如我们今天想得那么轻松。

作为河套地区晚清至民国时期的水利世家，杨家的水利活动是河套近代水利开发的重要部分。清同光至民国时期，河套水利开发的顺序为由东至西，杨家既顺应了这一进程又推动了这一进程。清同治年间，杨满仓就已经投入老郭渠开挖之中，随后他追随王同春开挖义和渠。清光绪十七年（1891年），王同春开挖沙和渠，杨满仓为渠头。杨满仓在经营沙丘较多、工程艰巨的沙和渠时，摸索出在沙漠里开渠的规律和引灌办法，这为后来开挖杨家河奠定了基础。1912年，杨茂林兄弟承包永济渠，创造了永济中兴。1917年，杨家全力开挖杨家河，历时十年方告成功。1921年，在杨家河开挖过程中，天主教会将转租杨家河水浇地获利的白银五万余两投入黄土拉亥河的修浚之中。杨家在河套的水利活动恰与老郭渠（通济渠）、义和渠、沙和渠（复兴渠）、永济渠、黄土拉亥河（黄济渠）、杨家河依次由东至西推进的历史进程相一致，并且在某些阶段起过重要的推动作用。从某种意义上说，杨家修渠史是一部河套近代水利史。

　　杨家河是河套近代百年历史的一个缩影，在河套水利史、河套移民史、河套开发史、河套抗战史上均占有重要地位。杨家河在河套近代水利史上的地位有三点：第一，杨家河开挖在河套水利面临困境之时，掀起了民国河套水利开发的高潮；第二，杨家河是民修水利投入最多的一条干渠，同时也是发挥较大作用的一条干渠，充分体现了民间力量在河套水利史上的作用；第三，杨家河是由民间力量开挖的最后一条干渠，此后河套水利进入政府主导阶段。杨家河在河套近代移民史上的地位主要在于，杨家河灌区的开辟促进了内地移民从雁行到定居的转变，成为河套西部移民从雁行到定居的转折点。杨家河在河套近代开发史上的地位主要在于，杨家河的开挖促进了河套近代社会从牧业向农业的转型，一是使杨家河两岸地区从游牧区变为农业区，二是促进了临河县的建立。杨家河在河套抗战史上的地位主要在于，杨家河灌区是抗战时期绥远省抗日根据地，为中华民族抗日战争胜利做出了重要贡献。1939年，第八战区副司令长官傅作义率部迁驻河套，河套从此成为全国的抗日根据地。尤其在副司令长官部和绥远省临时省政府设在陕坝之后，杨家河灌区在绥远抗战中发挥了巨大的作用。杨家河灌区对抗日战争胜利的作用主要体现在三个方面：一是杨家河灌区的地理位置使其成为绥西抗战的战略要地；二是杨家河灌区的农业生产保障了抗日大军的粮食供应，同时保障了抗战兵源；三是杨家河灌区是绥西三战役的根据地。

从杨家河开挖到现在已经一百年了，杨氏的后人依然生活在祖先播种过智慧和奉献过生命的这块热土上，他们大多继承杨满仓、杨米仓与杨茂林的忠厚品质，绝大多数是朴实的农民，杨家开渠的事迹好像也被历史的尘埃掩盖。但是我想，杨家河虽然是杨家所开，最终受益者却是全杭锦后旗人和全河套人，杭锦后旗和河套人民不会忘记杨家。在全球一体化的时代背景下，杨家开挖杨家河的事迹，有很高的历史和现实价值。中国正将民族复兴之梦变为现实，中国文化走向世界已经是历史潮流，深度发掘地方文化是中国文化走向世界的必然要求。河套水利文化是河套文化的特色所在，河套水利遗产有望申请世界物质文化遗产，能够作为河套文化走向世界的主打品牌。杨家河是河套水利文化的精华所在，可以作为河套水利文化走向世界的一张名片。值此杨家河开挖一百年之际，谨以此书为杨家河百年谢礼，翘首期盼杨家河扬名天下的那一天。

目 录 Contents

第一章 河套水利开发概述

河套是一个因水而兴的地区，没有水利开发就没有今日的河套。河套从一个地理概念演变为一个经济社会概念，是近代大规模水利开发的结果。河套的水利开发传统源远流长，古代河套地区生活的人们凭借勤劳和智慧，在河套地区垦荒种地，修建了一些水利工程，但总体上河套地区的经济以牧业为主。真正使河套的社会形态发生质变的是近代以来的水利开发。晚清至民国期间河套十大干渠的形成，使得南起黄河，北至阴山，东起乌拉山，西至乌拉河的河套地区变成了塞北江南。

第一节 河套概述

河套得名于黄河，最初是一个地理概念。历史上河套是一个以牧业为主的地区，随着晚清至民国期间河套地区大规模水利开发，河套逐渐变为农业区。近代意义上的河套即河套平原，不仅是地理概念，也是经济社会概念。

一、河套考略

河套是一个地理概念，有广义和狭义之分。广义的河套，从今天的行政区划上说，包括内蒙古自治区鄂尔多斯市全境、巴彦淖尔市的后套地区、呼和浩特市和包头市一带的土默川、宁夏北部地区和陕西北部一小部分地区。狭义的河套，仅指巴彦淖尔市的后套地区。

自有黄河就有河套，但"河套"的称谓最早出现于《明史》中，而以《地理志》与《鞑靼传》中记载比较详细。《地理志·榆林卫》载："西有奢延水，西北有黑水，经卫南，为三岔川流入焉。又北有大河，自宁夏卫东北流经此，西经旧丰州西，折而东，经三受降城南，折而南，经旧东胜卫，又东入山西平虏卫界，地可两千里，大河三面环之，所谓河套也。"① 这里的河套指的是黄河三面环绕的地区。《鞑靼传》载："天顺间，有阿罗出者，率属潜入河套居住，遂逼近西边。河套，古朔方郡，

---

① 张廷玉. 明史·地理志[M]. 上海：上海古籍出版社，1995：7889.

唐张仁愿筑三受降城处也。地在黄河南，自宁夏至偏头关延袤两千里，饶水草，为东胜卫，东胜而外，土平衍，敌来，一骑不能隐。明初守之，后以旷绝内徙，至是孛来与小王子毛里孩等先后继至，掳中国人为乡导。抄掠延绥无虚时，而边事以棘。"①这里明确指出河套地在黄河以南，即秦汉人所称的河南地。明代河套地区大致在陕西境内长城以北，黄河干流自宁夏青铜峡经内蒙古至陕西河曲附近而南流，绕成一个大湾曲，呈套状，得名河套。②

明代的河套尚没有出现前套、后套的划分，前套、后套的划分起于清代中后期的黄河改道，形成于清末民初。现在的河套地形，在河套的最北部的顶端有一块扇形地方，由黄河在这里又绕成一个小湾子所形成。在古代，黄河在入套口部岐分南河和北河二支，北河是主流，南河是支流。清朝道光以后，黄河主流和支流互换位置，北河上部逐渐淤断，而成为乌加河，南河就正式成为黄河。从此由黄河与乌加河包围的扇形地方就叫后套。后套是黄河河道变迁而形成的。前套、后套的称谓是相对的。③

著有《抗战时从政河套见闻记》和《王同春与绥远河套之开发》的现代学者张遐民，抗战时期曾在河套地区有生活经历，其对河套名称及地形的论述较之一般民国时人清晰。他认为，套是指地形之曲折处，河流之湾曲即称"河套"。他进一步解释说："宁夏境内中卫以上之黄河，本自西东流，自中卫至青铜峡后，东面受阻于鄂尔多斯台地、西面受阻于贺兰山，遂折而向东北流；至托克托县之河口，又为山西高原管岑山之余脉所阻，复自北而南流。黄河在此一地区，形成大湾曲，故有'河套'之称。"④可见，河套就是黄河"几"字湾内外地区。他又将河套大致上分成两大部分，即鄂尔多斯台地与河套平原："河套地区，西界贺兰山，北界阴山，东以黄河与桑干河之分水岭为界，南以长城为界，包括宁夏省之东部，绥远省之西、中二部，以及陕西省北部之一小部。鄂尔多斯，居河套之内，为黄河所包，东、西、北三面环河，而南面临长城，自成一区。在套之前方，称为前套，以别黄河以北冲积平原而形成之后套。"⑤鄂尔多斯台地因为地势较高，不便引黄灌溉，而河套平原则是黄灌区，这种划分是比较科学的。

张遐民对河套平原的西套、后套及东套的划分也颇为清晰。"河套平原，可分西套、后套及东套（套东）三大部分。宁夏境内东面之西套平原，为黄河于贺兰山与鄂尔多斯台地间所形成之冲积地带。绥远省境内河套之西北隅，界于今之黄河与五加河间，自五加河西北至阴山之狭长地带，亦计入其内，其地即今之米仓、

①　张廷玉．明史·地理志[M]．上海：上海古籍出版社，1995：8705．

②　冷江泓．河套名称之说[Z]//巴彦淖尔盟委员会文史资料委员会．巴彦淖尔盟文史资料：第15辑河套水利，1995：11．

③　陈耳东．河套灌区水利简史[M]．北京：水利水电出版社，1988：4．

④　张遐民．王同春与绥远河套之开发[M]．台北：台湾商务印书馆，1984：7．

⑤　张遐民．王同春与绥远河套之开发[M]．台北：台湾商务印书馆，1984：7-8．

临河、狼山、五原、宴江、安北六县及陕坝市之肥沃平原，普通称为后套。至于安北以东之包头、萨拉齐、归绥、托克托四县间之三角形原野，昔称为套东，现呼为前套，即后套之对称语。至五原、安北、包头间之地区，以往称为套中。故后套、套中、套东三地区，为绥远境内，黄河以北，河套平原区域个别之名称。"①西套是今宁夏银川平原一带；前套是包括包头、萨拉齐、归绥的土默川平原，即今包头、呼和浩特一带，后套包括米仓、临河、狼山、五原、宴江、安北、陕坝，即今巴彦淖尔一带。这种说法也是民国年间比较通行的说法。《绥远通志稿》载："河套幅员辽阔，延袤纵横，广漠无垠。宁夏省属一带，谓之西套，大河南岸各旗地，并包头西山嘴迤东谓之前套，而五原、临河、安北三县局境，则统称之为后套。"②绥远省的五原、临河、安北三县局在实行傅作义1942年新县制后变为七县市，地理范围不变。五原、临河、安北三县局在临河、安北为设置之前统属五原县辖地。《民国河套新编》说后套"地在前套之北，南界黄河，北界狼山，东起乌拉山，西至阿拉善蒙古东境，东西长约四百里，南北广约百里，面积约四万方里，地势西南高，东北下，决渠引水，亦得自然之利，即汉临河县地是也。今为杭锦、达拉特二旗西北境及乌拉特旗之南境，属五原县管辖"③。民国初年的五原县，后来的五、临、安三县局以及抗战时期的七县市，和今日的巴彦淖尔市的临河区、杭锦后旗、五原县、乌拉特前旗，虽然河套地区行政区划在变化，但是范围基本不变，都是清末至民国不同历史时期的后套辖地。

　　虽然民国年间的史志对河套的西套、前套、后套的地理范围介绍得比较清楚，但对这样划分的原因说明比较粗略。解释西套可以仅从地理上加以说明，但是前套、后套的分野仅从地理上说明是不够的。从以上论述中可知，前套与后套的对称，起因于黄河北河与南河的河道变迁。本来在黄河北河之内的河套是一个整体，因为黄河南河成为主流，河套就被分成两个部分，位于南河（黄河）以南的"河套"部分与位于南河（黄河）与乌加河之间的"河套"部分就分别成为前套与后套。但是这种以黄河南北为分界的前套、后套对称，逐渐演变为黄河北岸东部的包、萨、归地区与黄河北岸西部的五、临、安的前套、后套对称。这一过程发生在清末民初之际，历史上的河南地、河套，就逐渐被排除在"河套"之外。河套本意是河流弯曲之处，即黄河三面环绕之地，或者至少说河套的主体应该是长城以北、黄河以南的鄂尔多斯高原一带的"套内"之地。但是清末民初的河套主要指黄河以北、阴山以南的"套外"之地。原因在于清朝中后期黄河以北地区的经济生活和社会结构的变迁，使得黄河内外的社会泾渭分明。在明末清初时，今内蒙古境内的黄河内外同属蒙古族游牧地带，虽然有一河之隔，但经济生活和社会结构是相同的。

　① 张遐民．王同春与绥远河套之开发［M］．台北：台湾商务印书馆，1984：9.
　② 绥远通志馆．绥远通志稿．卷四十（上）：水利［M］．呼和浩特：内蒙古人民出版社，2007：591.
　③ 金天翮，冯际隆．河套新编［Z］//中国地方志集成·内蒙古府县志辑．南京：凤凰出版社，2012：21.

随着中原人民涌入黄河以北地区，随着大规模的农田水利开发，河南与河北逐渐呈现不同的社会风貌。黄河以北逐渐由游牧社会转变为农业社会，而农业作为此地区新兴的生产形式引导了此地区的社会变革。人们对河套的注意力就聚焦在充满活力的黄河以北的平原地区，而原本作为河套主体的黄河以南地区则不作为人们关注的焦点。这样，河套平原就逐渐成为"河套"的代称。时至今日，人们提及河套，已经很少会想到黄河对岸的"河南地"了。

如果说最初的前套、后套对称指的是以黄河为界限的鄂尔多斯台地与后套平原的对称，还有一定的地理学依据，那么，黄河北岸东部的包、萨、归地区与黄河北岸西部的五、临、安的前套、后套之对称，则很难找到非常有力的地理学依据。地理学常将河流与山脉作为不同地区的划分标志，但河套平原东部的包、萨、归地区与河套平原西部的五、临、安地区并没有显著的划界标志。民国年间的绥东和绥西，都位于黄河与阴山之间，中间没有河流与山脉阻隔，交通上非常便利，可谓"八百里河套一马平川"，同属河套平原，为什么还会有前套、后套的划分？问题的关键在于前套与后套对黄河水的利用不同。后套地理位置优越，引黄灌溉条件良好，人民重视兴修水利，从晚清至民国初年，形成了八大官渠，成为闻名全国的产粮区。"后套水利，在清时概况略如上述。前套视后套，则相去甚远，地势既高，且多沙山，河水之益，不易得焉。惟包头境内西山嘴地方，黄河歧出，衍为一流，名曰三呼河。东行二百三十里，复注于河，主支二流之间，夹成低滩，名曰三呼湾。面积一千八百方里，其地西高东下，宜于引水种植。"①可见前套与后套的引黄灌溉条件不能相提并论。

后套境内河网交织，但是"绥东则与绥西大异其趣。仅黑河一道，其名较著，位于归、萨、托三县境内，水源有限，灌田无多，沿河村庄，可资引溉者兔四十余村庄耳，其利未能溥也。此外无水利可言，自萨、包迤东，山前山后各县，无大河流。惟循大青山沿边各村落，或赖山泉细流，辟治少数田亩，或遇山洪暴发，夏秋资以淤田。此外全省田地十之八九皆旱田也"②。归、萨、托三县境内仅有黑河较大，但灌溉农田有限，所以绥东各县大多是旱田。"除黑河一水外，再无较大河流可资引用，种种旱田，专恃天时，以为丰歉而已。且春出秋归，惟贪地多，不精工作，间以住居地理关系，偶潴山泉，用灌畦圃，利用山洪，淤积地层，亦少数耳。历年久远，谚所谓种旱靠天，寖成习惯，即村傍溪流水泊，亦不肯费力引渠，用以灌田。盖因得地易，用力少，不屑此类劳作也。民国以还，习俗依然。"③因为没有大的河流可资利用，前套的人民就专靠天雨吃饭，而不积极挖渠灌田，民风相沿成习，一直到民国都没有太大改变。

---

① 绥远通志馆．绥远通志稿：卷四十（上）：水利[M]．呼和浩特：内蒙古人民出版社，2007：591.
② 绥远通志馆．绥远通志稿：卷四十（上）：水利[M]．呼和浩特：内蒙古人民出版社，2007：593.
③ 绥远通志馆．绥远通志稿：卷四十（上）：水利[M]．呼和浩特：内蒙古人民出版社，2007：593-594.

"故言本省水利，自以绥西为重，除归、萨、托三县各得一部分，其他各县能蒙水渠之利者，十不及一焉。"①所以在民国时期的绥远，绥西即后套地区是引黄灌溉的主要地区，绥西除了归、萨、托之外，基本上是以旱田为主。这样我们基本上可以把前套与后套划分的原因归纳为：清末民初，大量走西口人民涌入绥远地区谋求生计，由于走西口是自东向西推进，所以绥远东部地区得到较早的开发，绥远西部地区开发较晚。但是绥远西部地区引黄灌溉条件好，人民勤于水利建设，经过几十年的发展，在河套西部形成了一个大的黄灌区，普遍耕种水浇地，由于地处河套平原后部，因之时人称为后套。绥远东部地区引黄灌溉条件较差，人民不勤于水利建设，从晚清至民国初年，一直以旱地为主，水浇地较少，由于地处河套平原前部，因之时人称为前套。前套与后套的划分是因对黄河的利用不同而产生，划分的社会学意义大于地理学意义，前与后对称的实质在于，它向人们说明绥远省的真正黄灌区在后套，后套才是名副其实的河套平原，因为只有能浇到黄河水的平原才是真正的河套平原。陈耳东认为，以后套为中心，时人有时也把其西部的银川一带叫西套，把其东部的土默川一带叫东套。②不管时人是不是以后套为中心来划分西套、前套和后套，有一点是不容置疑的，就是以可耕地面积的大小、土壤肥沃程度以及引黄条件之便利来说，后套的确是超过广义河套的其他地方。正是因为这个事实，后套人逐渐以河套的概念替换后套的概念，尤其在书面用语中直接将后套称为河套。但是因为历史上曾出现过西套、前套、后套的名称，而后套在地理位置上也仅是河套平原的一部分，所以河套的概念有广义和狭义之别。如果不做特别说明，本书所指河套为狭义河套，即后套。

二、河套政区沿革述略

河套地区自古是汉族与少数民族的交界与交汇之地，也是汉族政权与少数民族部落、政权争夺的前沿地带。早在夏商周时期，河套就是北方少数民族活动的地区。夏商之际，居住在河套地区的少数民族为鬼方。从西周至春秋时期，生活在河套内外的游牧部落有昆夷、猃狁、猃狁等。周宣王时，猃狁曾举兵内犯，周宣王命尹吉甫讨伐，并命南仲筑朔方城。战国时，娄烦居于大青山南北一带，林胡居于河套内外。战国后期，赵国在北部设置代、雁门、云中诸郡，河套属九原县，隶云中郡统辖。秦国在统一全国的过程中，为了保证北方边境的安定，于公元前215年派遣蒙恬发兵三十万攻打套内的林胡，收复"河南地"（乌加河以南广大地区）；于公元前214年从西北攻打匈奴，收复鄂尔多斯东部和呼和浩特以南地区。此后蒙恬又渡过乌加河攻取高阙塞，迫使匈奴退出阴山以南，赵国沿边建立各郡

①　绥远通志馆. 绥远通志稿：卷四十（上）：水利[M]. 呼和浩特：内蒙古人民出版社，2007：594-595.
②　陈耳东. 河套灌区水利简史[M]. 北京：水利水电出版社，1988：4.

都纳入秦国版图。①

秦朝统一全国后，在河套地区设置九原郡，并且从内地迁徙三万家至北河、榆林一带进行垦殖，这是河套地区农业经济之始。秦朝后期河套复为匈奴所夺。汉朝初年匈奴势力强盛，汉朝一度处于守势。汉武帝即位后，派遣卫青和霍去病主动出击匈奴，收复失地。元朔二年(公元前127年)汉武帝将九原郡西部分出设立朔方郡，又改秦之九原郡为五原郡。九原郡与朔方郡以乌梁素海为分界，乌梁素海东界至云中郡为五原郡辖地，包括今乌拉特前旗、包头市和鄂尔多斯市东北各一部分；乌梁素海西界至阿拉善盟东界，包括今临河、杭锦后旗和鄂尔多斯部分地区。东汉五原郡领十县，下辖九原、五原、临沃、文国、河阴、武都、宜梁、曼柏、成宜、西安阳。朔方郡领六县，下辖临戎、三封、朔方、沃野、广牧、大城。② 东汉时期河套地区的五原和朔方二郡，在中原王朝强大、边疆安定之时，汉人聚居多一些、农业经济好一些，在中原王朝衰落、边疆战乱之时，汉人内迁、河套变为游牧之所。魏晋南北朝时期，河套为北方民族所据。北魏明帝灭夏，置肆州，河套隶属肆州。③ 北魏太武帝在长城一线设置六镇屯兵驻守，乌梁素海以东、乌拉山以北地区属怀朔镇管辖，乌梁素海以西属沃野镇管辖，怀朔镇、沃野镇治所都在阴山以北。④ 西魏河套为怀朔镇，北周仍称五原郡。⑤

隋文帝于开皇三年(公元583年)废除郡制，设置州县。河套隶属丰州管辖，丰州治所在汉朝的广牧县，即今五原的西土城子。丰州下辖三县：九原县，治所在丰州治所；永丰县，治所在今临河乌兰图克境内；安北县，治所在今乌拉特旗西小召境内。隋炀帝于大业三年(公元607年)改州为郡，河套属五原郡辖地，郡址仍在五原的西土城子，仍下辖开皇所置三县。隋朝末年，河套内外又成为突厥人的游牧地。唐高祖武德初年北破匈奴，阴山南北皆内属。唐高祖改郡为州，治所仍在隋五原郡治所，下辖九原、永丰、丰安三县。太宗贞观元年(公元627年)，将全国分为十道，道下设州、郡县建制，河套属关内道丰州九原郡。贞观十一年(公元637年)，撤销丰州，并入灵州，河套归灵州管辖。贞观二十三年(公元649年)，又恢复九原郡建制，脱离灵州管辖。唐中宗景龙二年(公元708年)，朔方军总管张仁愿在黄河北岸筑三受降城，东城在今托克托县大皇城，中城在今包头西黄河北岸，西城在今乌拉特中旗乌加河镇，专管突厥降户。唐玄宗天宝十二年(公元753年)，在今乌拉特前旗乌梁素海东岸筑天德军城，以屯军守边。唐朝在北部边郡设立军事机构都护府，设在河套境内的是燕然都护府(公元647—663年)，府址在今乌拉特中旗石兰计。高宗总章二年(公元669年)，燕然都护府更名安北都护府，府

---

① 《巴彦淖尔盟志》编纂委员会.巴彦淖尔盟志[M].呼和浩特：内蒙古人民出版社，1997：130-131.
② 《巴彦淖尔盟志》编纂委员会.巴彦淖尔盟志[M].呼和浩特：内蒙古人民出版社，1997：131-133.
③ 巴彦淖尔市地方志办公室.五原厅志略[M].海拉尔：内蒙古文化出版社，2010：27.
④ 《巴彦淖尔盟志》编纂委员会.巴彦淖尔盟志[M].呼和浩特：内蒙古人民出版社，1997：134.
⑤ 巴彦淖尔市地方志办公室.五原厅志略[M].海拉尔：内蒙古文化出版社，2010：27.

治移至西受降城。玄宗开元二年(公元714年)，又将府治移至中受降城。开元十二年(公元724年)，又移至天德军治所。五代河套地为党项族所据。[①]

宋辽金时期，河套地区乌梁素海以东为辽、金所有，乌梁素海以西为西夏所有。公元1271年，元世祖忽必烈建号大元，定都北京。元朝在中央设立中书省，作为最高行政机构，地方设立行省，省下辖路、府、州、县四级政权组织。当时河套大部分地区属大同路云内州，归中书省直辖，河套西部磴口属甘肃行省宁夏府路管辖。明初元将河南王佣兵塞上，明太祖洪武八年(公元1375年)，击败河南王，收复河南地。洪武末年，在今托克托县境内设置东胜等五卫，当时河套地区属宁夏卫辖境，隶陕西统领。明成祖朱棣将五卫撤销并入左云卫、右玉卫，此后河套各地入蒙古管辖。清朝统一后，在内蒙古实行盟旗制度。清世祖顺治五年(公元1648年)，蒙古乌拉特部协助清朝作战有功，赐牧地于乌加河北，建立乌拉特前、中、后三旗。前旗在西称西公旗，中旗居中称中公旗，后旗在东称东公旗，三旗隶属乌兰察布盟。乌加河以南属伊克昭盟鄂尔多斯左翼后旗(达拉特旗)和鄂尔多斯右翼后旗(杭锦旗)。磴口县属阿拉善厄鲁特旗辖地。雍、乾以后，设道置厅。[②]乾隆六年(公元1741年)，河套属归绥道萨拉齐厅管辖。光绪二十九年(公元1903年)，分出萨拉齐厅西部后套地区设置五原厅，治所在大余太，后移至隆兴长，附以达拉特、杭锦黄河北岸地区、乌拉特三旗的汉族村落属五原厅管辖，隶山西省节制。[③]

民国元年(1912年)，改归绥道为观察使，改十二抚民厅为县制，五原厅改为五原县，辖地东西数百里，领有后套全境。民国二年(1913年)，在绥远地区设立绥远特别行政区，河套隶属之。民国十四年(1925年)，从五原分出通济渠以东置大余太设治局，后改为安北设治局；分出丰济渠以西置临河设治局，后升为临河县。民国三年(1914年)，设置宁夏护军使，辖阿拉善厄鲁特旗。民国十六年(1927年)，设置磴口县，与阿拉善厄鲁特旗形成旗县并存之制。其后磴口县划归宁夏省。民国十八年(1929年)绥远改制建省，所有县、局隶属省府统领。这样在西部蒙古地区就形成蒙旗与省县并存，分族而治的行政系统。民国二十八年(1939年)傅作义部进入后套，在陕坝成立绥远临时省政府，五原、临河、安北三县局隶属之。民国三十一年(1942年)，傅作义将三县局分为米仓、临河、狼山、五原、宴江、安北、陕坝七市县。1949年9月19日绥远和平解放，后套隶绥远省绥西行署管辖。[④]

由上可知，河套是历代汉族政权与少数民族碰撞、交汇、融合之地，从战国后期至民国时期的河套行政建制，反映的是中国历史上农业民族与游牧民族、农业经济与游牧经济在这一地区的竞争与共生状况。近代以来，河套地区的行政建制逐渐完善，反映的是这一地区的农业经济、农业社会逐渐成为主流的历史进程。

---

① 《巴彦淖尔盟志》编纂委员会. 巴彦淖尔盟志[M]. 呼和浩特：内蒙古人民出版社，1997：135-136.
② 《巴彦淖尔盟志》编纂委员会. 巴彦淖尔盟志[M]. 呼和浩特：内蒙古人民出版社，1997：137-138.
③ 《巴彦淖尔盟志》编纂委员会. 巴彦淖尔盟志[M]. 呼和浩特：内蒙古人民出版社，1997：138.
④ 《巴彦淖尔盟志》编纂委员会. 巴彦淖尔盟志[M]. 呼和浩特：内蒙古人民出版社，1997：138.

第二节　河套古代水利开发概述

古代河套地区是汉民族与少数民族交错杂居的地区，农业与牧业交替发展。当中原王朝国力强盛或者中原王朝与少数民族政权关系融洽之时，河套地区的水利开发就快一些；当中原王朝初建、国力衰弱或者中原王朝与少数民族政权关系紧张之时，河套地区的水利开发就慢一些。清朝是中国历史上最后一个王朝，也是统一长城南北的大一统王朝。从清朝建立至道光中期，到河套谋生的雁行人演变为三股水利开发力量，揭开了近代河套开发的序幕。

一、汉代的水利

在战国后期，河套地区是汉政权与匈奴族的缓冲和争夺地带。秦始皇统一全国后，曾北击匈奴，攻取黄河以南的"河南地"，设置郡县，移民屯垦。秦后期"河南地"复被匈奴所夺。汉朝建立初年实行休养生息政策，至汉武帝时国力大增，数次北伐匈奴。汉武帝元朔二年（公元前127年），大将卫青一举收复"河南地"，建立朔方、五原郡，将今西起巴彦淖尔市和鄂尔多斯市杭锦旗一带，东到包头和东南沿黄河两岸纳入汉人治所。汉朝在这里建筑城池，驻兵其中，一方面守卫边疆，一方面开荒种地。同年又从内地招募十万农民到这里开垦荒地。元狩二年（公元前121年），大将霍去病统率大军击败匈奴右贤王，使匈奴退出河西地区，并先后建立酒泉、武威、张掖、敦煌河西四郡，与朔方、五原郡连成一片，构成一条汉王朝西北边防农业生产线。元狩三年（公元前120年），汉朝迁徙七十多万山东移民开发西北，其中一部分充实到朔方以南的"新秦中"。元狩四年（公元前119年），卫青、霍去病联合远征漠北，穷追匈奴，从此匈奴漠南无王庭，这为河西、河南地区发展农业提供了安定的环境。元鼎六年（公元前111年）汉朝在上郡、朔方、西河、河西等郡实行军屯，遣发六十万士兵戍守垦荒。天汉元年（公元前100年），汉朝遣发犯人到五原一带屯田。这些大规模的移民实边，为黄河两岸的水利开发提供了必需的劳动力。[①] 发展农业必须兴修水利，《史记》记载元封二年（公元前109年）汉武帝治理黄河水患，"自是之后，用事者争言水利。朔方、西河、河西、酒泉皆引河及川谷以溉田"[②]。这说明当时河南、河西之地已经普遍引黄灌溉。

西汉时期朔方郡先后设立的十个县，根据有关专家考证，有四个县在今河套范围以内，除临河县在古北河南岸以外，三封、窳浑、临戎三个县均处于朔方郡最西部的黄河以西地区。这三个县，现在都有古城废墟，其地理位置恰好鼎足而

---

① 陈耳东. 河套灌区水利简史[M]. 北京：水利水电出版社，1988：32-33.
② 司马迁. 河渠书[M]. 北京：中华书局，2016：131.

立。临戎古城距窳浑约三十公里，距三封约五十公里，窳浑距三封约三十公里。它们分别建立在这样一个范围并不很大的区域内，而且其南面、东面都临近黄河，其北面紧挨屠申泽，当时是水草丰美的大草原，最可能是朔方郡西部的灌溉农垦区。至于当时处于南北河之间的河套腹地，尚系一河滩沼泽化地带，不宜人居，不适开垦，不可能在里面修建水利工程。唯一建立在河套里面的临河县城，可能只是个北控高阙的屯兵之所，至今没有充分史料或出土文物说明是农垦区。[①] 有学者认为，屠申泽在汉代是一个繁荣的边疆垦区，提供灌溉的大湖，这一地区的农垦区一定会有相应的灌溉系统，但是目前还没有发现汉代的灌溉系统遗迹。这一地区的灌溉农业，在东汉以后由于边疆人民内迁就逐步衰落，且引起了大面积土地沙化现象。[②]

二、北魏的水利

魏晋南北朝时期是中国历史上的民族大融合时期，即"五胡十六国"时期，当时北方少数民族内迁至黄河流域，各民族之间既频繁发生战争又不断融合。地处阴山与黄河之间的河套地区是各民族融合的重要地带。两汉时期北方少数民族中有一个鲜卑族部落，其中的拓跋鲜卑于公元二世纪从大兴安岭南下至今河套、阴山一带。公元386年，鲜卑族拓跋部首领拓跋珪在牛川(今呼和浩特附近)即代王位，不久迁都盛乐(今和林格尔土城子)，改称魏王，史称北魏。公元398年拓跋珪迁都平城(大同)，第二年称帝，即道武皇帝。拓跋珪即代王位之后在盛乐一带推行与民休息和发展农业生产的政策。公元391年燕魏关系破裂，北魏无法再依赖燕国的粮食丝帛，这使得北魏不得不自行屯田发展农业。公元394年道武帝北巡，下令在五原一带屯田，规定把每年的收获按照一定比例分给屯田人。公元395年，后燕慕容宝统兵八万攻打五原，试图运走北魏在五原的三万余家屯田粮食百万多斛，道武帝亲率魏军夺回粮食。[③]

北魏在消灭后燕后继续推广屯田，道武帝迁徙后燕汉族和其他各族百姓几十万口到平城附近计口授田，分给耕牛，奖励耕种。北魏在畿辅之外设立"八部帅"劝课农耕。五原地区的农业直到北魏后期都是比较发达的。当时的五原地区是指包括河套在内的阴山以南、包头以西和今达拉特、准格尔旗等地。这些地区地处黄河沿岸，因为干旱少雨，发展农业必然要求建设引黄灌溉水利工程。北魏太和十二年(公元488年)，魏孝文帝"诏六镇、云中、河西及关内六郡，各修水田，通渠灌溉"[④]。十三年(公元489年)又"诏诸州镇有水田之处，各通灌溉，遣匠者所在

①　陈耳东.河套灌区水利简史[M].北京：水利水电出版社，1988：32-33.
②　陈耳东.河套灌区水利简史[M].北京：水利水电出版社，1988：35-37.
③　陈耳东.河套灌区水利简史[M].北京：水利水电出版社，1988：38-39.
④　魏收.魏书·高祖纪[M].上海：上海古籍出版社，1995：2191.

指授"①。六镇是北魏在北部沿边地区设置的六个军事要塞，河套平原归沃野镇管辖，据此可以推断河套至包头一带一定修了不少渠道。《水经注》记载："河水又东迳固阳县故城南，王莽之固阴也……河水决其西南隅，又东南，枝津注焉。水上承大河于临沃县，东流七十里，北灌田南北二十里，注于河。"②固阳在今包头市西北，临沃在包头西二十公里的麻池古城。黄河在固阳西南决开一个东南流向的支流，该支流在临沃县的黄河开口流水，东流七十里，灌溉北侧南北宽二十里的土地，支流余水最后又退入黄河。这条支流就是早期的三湖河，当时被作为干渠来引水灌溉。在这条支流沿岸一定开挖了不少小渠道，否则就不可能灌溉南北二十里的农田。《水经注》还记载了河套西部有一个"枝渠东出"问题。在河水流经临戎县故城西之后，"河水又北，有枝渠东出，谓之铜口，东迳沃野故城南。汉武帝元狩三年立，王莽之绥武也。……枝渠东注以溉田，所谓智通在我矣。"③临戎古城在今磴口县布隆淖附近，铜口在布隆淖以北，沃野在今布隆淖临河黄羊和杭锦旗巴拉亥之间。据专家考证今磴口协成和杭锦后旗的头道桥可能就是枝渠的灌区。④

三、唐代的水利

隋唐时期突厥崛起于大漠南北。唐朝初年突厥多次进攻唐朝，对汉族农耕区造成危害。唐太宗派遣李靖等率六路大军出击突厥，唐军大获全胜，俘获十万突厥人。经过群臣讨论，决定将俘获的突厥人全部遣返原地定居，将他们安置在东起幽州、西至灵州的广大地区。唐王朝十分重视边疆地区的经济开发和文化交流，推行屯田，设立"互市"，促进了各民族之间的融合。⑤

唐朝特别重视水利建设，在关内道修建大型水利工程多项。唐朝的关内道包括今陕西中部、北部，甘肃东部、宁夏及内蒙古河套地区。河套地区属于关内道的丰州，治所在九原(今五原县南部)。史书记载河套地区开挖的灌溉渠道至少有三条。"有陵阳渠，建中三年(公元782年)浚之以溉田，置屯，寻弃之。有咸应、永清二渠，贞元中(约公元796—803年)刺史李景略开，溉田数百顷"。⑥陵阳渠开凿时间不详，建中三年对陵阳渠重新修浚，应在公元782年之前开凿。咸应、永清二渠在贞元中开凿。据文献记载和专家考证，陵阳、咸应、永清其地点在今五原县境内。⑦

唐朝在中央设有水利专管机构都水监，下设都水使者，掌管河渠修理和灌溉事宜，有效地推动了水利建设和水利管理。河套地区的水利在开元、天宝年间显

① 魏收. 魏书·高祖纪[M]. 上海：上海古籍出版社，1995：2191.
② 郦道元. 水经注校正[M]. 陈桥驿，校正. 北京：中华书局，2014：78.
③ 郦道元. 水经注校正[M]. 陈桥驿，校正. 北京：中华书局，2014：75.
④ 陈耳东. 河套灌区水利简史[M]. 北京：水利水电出版社，1988：39-41.
⑤ 王建平. 河套文化·水利与垦殖卷[M]. 呼和浩特：内蒙古人民出版社，2008：21-22.
⑥ 欧阳修. 新唐书·地理志[M]. 上海：上海古籍出版社，1995：4237.
⑦ 陈耳东. 河套灌区水利简史[M]. 北京：水利水电出版社，1988：42.

著发展。安史之乱到唐文宗开成末年，河套水利逐步衰落，但仍有一定数量的农田水利工程修建。唐武宗以后，唐朝的危机日益加深，全国农田水利建设基本荒废，河套地区的水利也经历了同样的过程。[①]

四、西夏至清中叶的水利

大约与中原北宋同时，西北存在着党项族人建立的西夏政权。当时河套地区属于西夏管辖。西夏发展农业兴修水利的重点在夏州、灵州一带（目前尚未发现河套地区水利建设的确凿证据）。元朝河套地区成为蒙古族的牧场。元朝被明取代之后，残余力量盘踞北方草原，史称"北元"。明嘉靖年间，北元俺答汗以呼和浩特为中心统一蒙古大部，开创蒙古地区与中原地区的"互市"贸易，大大促进了民族间的经济文化往来。边境的安定吸引内地人民到土默特和河套地区开垦荒地，俺答汗则利用内地人民兴办农业和手工业。[②] 当时在河套地区垦殖的农民，春种秋回（被称为"雁行"），应该修建过一些小型水利工程。

清朝的建立为河套水利的持续开发提供了政治保障。清朝初年，在全国采取一系列恢复和发展经济的措施，在农业上奖励垦荒，提倡兴修水利。同时清朝又实行民族压迫和民族隔离政策。康熙皇帝对河套的战略地位非常重视。他最后一次亲征噶尔丹途经宁夏，曾顺北河（乌加河）而下，目睹河套亦农亦牧的情景后，挥笔写就一篇祭奠河神的祭文。[③] 他担心蒙汉人民接近会引起事端，就于当年颁布诏令，划定蒙汉边界，禁止汉人进入河套垦殖。但在奖励开荒的大政方针下，禁令执行得并不严格。"雁行"的规模不断扩大，汉人到河套明来明去，蒙古族人对善于做生意的汉人迎来送往。清朝继康熙后的雍正、乾隆、嘉庆以至道光中期，到河套谋生的雁行人络绎不绝。到河套谋生的雁行人逐渐演化为开发河套的三股力量。[④]

第一股力量来自清公主"欲治菜园地"。乾隆初年，乌拉河以西的土地都归阿拉善王爷管辖。阿拉善王爷纳娶清公主为妻，公主到达王爷府后，看见黄河岸边土地平坦，引水便利，就想亲自开辟田园种植蔬菜。公主招用汉族农民在乌拉河以西的土地内辟地数十顷，引水浇灌，名曰"公主菜园地"。当时黄河沿阴山东流，自北而南形成许多狭窄的小河流，人们驾驶木筏水流通行，来往于乌拉河一带。有个山西平遥姓杨的人此时进来联合一部分人租地开渠，灌田三百多顷，因仍限于禁止"开垦蒙荒"的规定，便假名"公主菜园地"。"公主菜园地"的规模日渐扩大，由于有蒙古上层的支持，小部分汉人半公开地最先在河套西部开垦和修水利。[⑤]

---

① 陈耳东. 河套灌区水利简史［M］. 北京：水利水电出版社，1988：43.
② 王建平. 河套文化·水利与垦殖卷［M］. 呼和浩特：内蒙古人民出版社，2008：23-24.
③ 王建平. 河套文化·水利与垦殖卷［M］. 呼和浩特：内蒙古人民出版社，2008：24.
④ 陈耳东. 河套灌区水利简史［M］. 北京：水利水电出版社，1988：45.
⑤ 陈耳东. 河套灌区水利简史［M］. 北京：水利水电出版社，1988：45.

第二股力量来自为打鱼而来的"桔槔取水"。乾隆年间有汉人到河套打鱼，看到黄河北岸洪水漫溢之处，土质肥沃，可以耕种，便用"桔槔取水"的办法，试行种植，大获其利。捕鱼者逐渐增多。当时捕鱼者多从陕西、宁夏、甘肃等地而来，这些人都娴熟于农耕和引水浇地之事，把先进的农业技术也带了来。有的人家以捕鱼为名，从上游乘船而下，一起把妇女和农具、种子都带来，在沿黄河北岸一带定居下来，开始小片垦荒，因水种植。这也有效地推进了河套水利开发的进展。[①]

第三股力量来自来河套做蒙古生意的"就河引灌"。乾隆以后，来后套做生意的，多是毗邻的河北、山西、陕西等省的商人。按清朝规定，起初是带货来卖，一次贸易期间不得超过一年即要返回，称为旅蒙商。后来有的旅蒙商在河套定居经营，他们做生意多以包头为据点，在这里开设商号，逐渐发展成为强大的商业高利贷，或商业资本势力。旅蒙商又逐渐和蒙旗王爷等上层势力结合起来，并投资租种和分佃土地。商人租种的土地，总是先就河水漫溢的低洼处，以便就河引灌，继而开渠引灌，扩大垦种规模。例如在嘉庆年间（1796—1820 年），以归绥包头为基地的商人经常来这一带做生意，受到西边"公主菜园地"的影响，也利用刚目河（在临河境）洪水漫溢的土地，临时开垦种植蔬菜和庄禾，结果大受其益。此后引来了更多的商人在这里和蒙古上层结合起来，扩大垦种规模，成为清代河套平原上除乌拉河以外第二个新辟的垦荒开发区域。[②]

清代中期之前河套的水利开发虽然是星星点点的，却揭开了近代河套水利开发的序幕。明代以来的雁行人演变为开发河套的三股力量，各种水利开发力量仍然在积蓄之中，最终汇成了近代河套水利开发的洪流。

第三节　河套近代水利开发概述

河套的水利开发历史非常悠久，但河套真正从牧区向农区转变是近代以来发生的。历史上河套地区是草原文明与农业文明的交界与交汇之处，农业开发时断时续，农业经济始终没有占据主导，农业社会始终没有形成。近代河套的水利开发是大规模、持续性的，对河套社会的转型起到实质性作用，经过近代百年的水利开发，河套农业经济和农业社会最终形成。王文景将晚清至民国时期河套水利开发分为三个时期，即开发时期、官办时期、官督民修时期。[③] 这种划分基本符合河套近代水利开发的历程。

---

① 陈耳东 . 河套灌区水利简史［M］. 北京：水利水电出版社，1988：45-46.
② 陈耳东 . 河套灌区水利简史［M］. 北京：水利水电出版社，1988：46.
③ 王文景 . 后套水利沿革［Z］//中国人民政治协商会议巴彦淖尔盟委员会文史资料委员会 . 巴彦淖尔盟文史资料：第 5 辑，1985：89.

一、开发时期

河套水利的开发时期是指从清中叶到光绪三十年（1904 年），河套水利的大规模建设和掀起高潮阶段。河套水利的开发时期经历了三步。在清中叶以前，河套是蒙古族的游牧草原。从清中叶开始，来河套地区经商的汉族人看到黄河沿岸及连接黄河的壕沟附近低洼地带，经过河水涨溢漫流，湿润耐旱，土质肥沃，认为可以开垦为农田。当时蒙古族人怕破坏草场，不许汉人耕种。经商的汉人付给蒙人贡税，渐渐与蒙人熟悉，蒙汉之间建立起友谊。同时蒙人也需要粮食供给，于是许可汉人在住所附近种地，这是河套水利开发的起步。继而汉人的耕种地亩慢慢扩大，蒙人也感觉就近取粮比从内地运输方便，禁垦的规定逐渐松弛，汉人才得以包租成片的荒地耕种。以后青苗经常遭受水淹，根据经验，才知道筑坝挡水的作用，因而咸获其利。于是汉人接踵而来，河水自然漫溢的区域不敷分配，就包租干地，连接天然壕沟，引水灌溉，这是河套水利开发的第二步。之后汉人势力滋长，互相集资，接挖几条大干渠，贯通乌加河，作为退水。河套渠道的规模逐渐完备，到晚清形成八大干渠，这是河套水利开发的第三步。① 后文将从水利开发背景和水利开发活动两个方面研究开发时期的河套水利。

(一)水利开发背景

从鸦片战争到光绪末年的河套水利开发背景包括自然条件变化和社会背景。

首先看自然条件变化。道光三十年（1850 年）河套的自然条件发生变化，原本为黄河主流的北河断流，南河成为黄河的主流。当时黄河大水，北岸决口，洪水多自西斜向东南涌流而下，形成一些天然小河。其中较大的支流自西而东为杨家河、黄土拉亥河、刚目河、皂火河和塔布河。到了咸丰、同治年间，这些小河改变了河套东部地貌景观，又加快了黄河旧道（北河）的淤塞断流。这种自然条件的变化对兴修农田水利极为有利，它既使河套平原某些沼泽地带和断流的北河一带河滩地逐渐疏干，便于引水灌田；又可以利用黄河旧道间各天然小河布置渠道，自南而北从黄河上直接开口开挖干渠，引水灌溉。②

其次看社会背景。主要包括道光开禁和鸦片战争。③

(1)道光开禁。进入清朝以来，河套地区是蒙古族王公的世袭领地，为了维护清朝统治，清政府对河套地区的土地开垦采取限制和禁止的政策。由于内地人口持续增长，加剧了人地矛盾，道光八年（1828 年）清政府修改康熙禁令，准许开发缠金地，招商垦种。从此之后，缠金地的开垦就变为合法，汉族商人包租蒙古族

①　王文景. 后套水利沿革[Z]//中国人民政治协商会议巴彦淖尔盟委员会文史资料委员会. 巴彦淖尔盟文史资料：第 5 辑，1985：89.

②　张植华. 略论河套地商[Z]//刘海源. 内蒙古垦务研究. 呼和浩特：内蒙古人民出版社，1990：86.

③　陈耳东. 河套灌区水利简史[M]. 北京：水利水电出版社，1988：47-48.

人民的土地，汉族商人可以开渠种地，蒙古族人民也能获取地租，各取其利。缠金地的开发虽然仅是河套一小部分的开发，却是以后河套地区大规模开发的肇始。河套近代的开发，正是从缠金地扩展到整个河套。在开荒合法化的条件下，一些晋、陕、甘、鲁、豫、冀的百姓因为逃荒和谋生来到河套地区，这为河套的水利开发提供了廉价的劳动力。这些来河套谋生的农民，有一部分逐渐在河套定居下来，成为河套的常住人口。

(2)鸦片战争。道光二十年(1840年)鸦片战争之后，中国逐渐沦为半殖民地半封建社会，外国资本主义开始向中国进行商品输出和资本输出。特别是19世纪80年代之后，俄、英、法、美、德等外国资本势力利用与中国签订的不平等条约和攫取的特权，纷纷侵入内蒙古地区，掠夺原料，倾销商品。内蒙古的旅蒙商在此情形之下遭到沉重打击而不断破产，其中一部分将其投资由城市转移到河套农村，在土地上投资开渠垦荒，这就是地商经济的起源。地商是河套水利开发的组织者和领导者，对河套水利开发做出了重要贡献。同时，外国教会势力在鸦片战争之后相继侵入河套，吸纳教民，设立教堂，开渠垦荒。庚子赔款后，教会侵占河套西部的渠地，使河套的水利开发出现比较复杂的情况。

(二)水利开发活动

河套的近代水利开发，以地商组织的农民自发开发为主流。地商虽然在近代之前就已经出现，但真正发挥作用是在清代道光以后。张植华将地商在河套的发展分为三个时期，即康乾时期、道咸时期和同光时期[①]，其实还应该加上第四个时期即民国初期。康乾时期是河套地商发轫阶段，道咸时期地商一展身手，同光时期地商步入鼎盛，民国时期地商再展宏图。关于地商的起源、性质、作用等问题将在第二章中详细介绍。河套近代以来的水利开发基本上可以与河套地商的发展相对应，开发时期主要对应地商道咸、同光两个时期的开渠活动，而官办和官督民修时期的地商开渠活动主要是在民国初期。

1. 道咸年间的水利开发

道咸年间河套的水利开发主要是缠金渠(永济渠)和刚目渠(刚济渠)的开挖。

(1)永济渠的开挖。永济渠是河套境内最早的干渠，关于永济渠开挖的原因与时间一直没有定论。《绥远省通志稿》引《河套治要》说："永济渠原名缠金渠，为地商永盛兴、锦和永等于道光五年借贷达旗之款，未能归偿，以地作抵，遂开此渠。"[②]这则记载是说道光五年(1825年)永盛兴、锦和永以达旗王爷的借贷抵押之地开渠。《绥远省通志稿》又按采访录载："嗣有甄玉、魏羊，并陕西府谷皇甫川人。嘉庆间，经商包头，与达旗郡王交善。郡王当立，族人争之，涉讼于朝。郡王贫不能赴质，甄、魏助之以资。道光初，郡王袭爵，准甄、魏垦今临河西偏地。其

① 张植华．略论河套地商[Z]//刘海源．内蒙古垦务研究．呼和浩特：内蒙古人民出版社，1990：82-88.
② 绥远通志馆．绥远通志稿：卷四十(上)：水利[M]．呼和浩特：内蒙古人民出版社，2007：699.

四年创开缠金渠，即今之永济渠也。"①这则记载是说甄玉、魏羊因为资助达旗郡王诉讼有功而特批临河西部偏僻之地，道光五年(1825年)甄、魏开成缠金渠。甄玉、魏羊取得缠金地一带的土地使用权之初，利用黄河天然河流刚目河，引水灌溉。但刚目河水量不敷灌田所需，于是两家商号于道光五年(1825年)雇佣流民在西边黄河湾子上，直接另开一段引水新口，又把旧河道稍加挑挖，修了一条长约十五华里、口宽一丈的输水干渠与刚目河相通，这就是缠金渠。②缠金渠初开之际，渠道规模狭小。道光八年(1828年)，清廷特准开放缠金地，来此租地垦荒的商人越来越多。"渠在道咸之季，有地商四十八家公共经理，今之公中庙即昔年地商醵资建立公共议事场所，规模亦壮阔哉。当时各地商包租蒙旗外垦地，连阡接陇，用水均仰给于该渠。渠道平时岁修及临时要工，地商等按厘出资，通力合作，俨然有同利共害之团体。当其生地甫辟，渠水畅旺，岁告上稔，每年灌地三四千顷，收粮十万石。"③道咸之际，聚集在缠金地的商号已达四十八家，他们设立了四十八个牛犋，开地数顷至数十顷不等。由于缠金渠的水量越来越不适应引水与垦荒的需要，就由甄玉、魏羊出头联合景太德、崇发公、祥太玉等四十八家商号共同出资扩挖缠金渠，接挖长度达到一百四十余里，口宽五丈，干渠之下又开挖一些支渠。④扩建后的缠金渠渠水两旺，灌地三四千顷，收粮十万石。缠金渠畔的公中庙就是昔日地商共同出资建立的公共议事场所，是缠金渠修挖的历史见证。

(2)刚目渠的开挖。刚目渠原为临河境内黄河的天然支流，原名刚目河、刚毛河。"刚目河渠，一名刚卯，咸丰年间，商人贺清开濬，股份众多，支渠林立，渠身甚长。"⑤咸丰年间地商贺清集资开挖刚目渠(一名刚卯渠)，后改称刚济渠。刚济渠的旧口，"在黄芥壕，长三千六百丈"，新口为王同春于光绪年间所开。王同春于光绪二十三年(1897年)修浚刚目渠，并改名刚济渠。

缠金渠初开之际本为刚目渠的支流，经四十八家扩修之后，规模反而超越刚目渠。民国十八年(1929年)永济渠经理韩仁山修浚刚目渠，从永济渠开口，之后其逐渐成为永济渠的支流。⑥

---

① 绥远通志馆．绥远通志稿：卷四十(上)：水利[M]．呼和浩特：内蒙古人民出版社，2007：704.

② 史言．河套最早的人工渠[Z]//中国人民政治协商会议巴彦淖尔盟委员会文史资料委员会．巴彦淖尔盟文史资料：第15辑　河套水利，1995：15.

③ 巴彦淖尔市地方志办公室．临河县志[M]．海拉尔：内蒙古文化出版社，2010：196.

④ 关于四十八家商号共开缠金渠的情况参看《河套灌区水利简史》与《后套渠道之开浚沿革》．陈耳东．河套灌区水利简史[M]．北京：水利水电出版社，1988：152；王喆．后套渠道之开浚沿革[Z]//中国人民政治协商会议内蒙古文史资料研究委员会．内蒙古文史资料：第36辑　王同春与河套水利．呼和浩特：内蒙古文史书店，1989：154.

⑤ 绥远通志馆．绥远通志稿：卷四十(上)：水利[M]．呼和浩特：内蒙古人民出版社，2007：702.

⑥ 王文景．后套水利沿革[Z]//中国人民政治协商会议巴彦淖尔盟委员会文史资料委员会．巴彦淖尔盟文史资料：第5辑，1985：118.

2. 同光年间的水利开发

同光年间河套的水利开发主要是老郭渠（通济渠）、长胜渠（长济渠）、塔布渠、义和渠、沙和渠及丰济渠（中和渠）的开挖。

（1）通济渠的开挖。通济渠经历了一个由短辫子壕、短辫子渠、老郭渠到通济渠的过程。在五原境内有一条天然河流叫短辫子壕，长约二十里。清朝咸丰年间有汉族人在此经商，看到河水漫溢的低洼之地可以耕种，就贿赂蒙旗下级官员，私行垦种。同治初年短辫子壕淤塞断流，流域地亩就荒废了。其间有个旅蒙商张振达，设有万德源商号。他见开渠垦荒有利可图，就于同治六年（1867年）吸收郭大义（郭有元）到万德源当开渠总管，开始租地垦荒。同治八年（1869年）王同春经人推荐投效万德源。由于王同春年轻体壮，血气方刚，一锹铲下的土有百十来斤，而且精明强干，深得万德源掌柜赏识。同治八年（1869年）短辫子壕工程正式开始，委任郭大义为总管，王同春为渠头，按期开成二十余里的渠道，挖成之后名字叫短辫子渠。因为开渠之初存在技术问题，三年之后短辫子渠淤塞。万德源商号无力自挖，就联合万泰公、史老虎、郭大义组成四大股，公推郭大义为经理，以王同春为渠头，重新开挖短辫子渠。[1] 同治十三年（1874年）重新开挖短辫子渠，王同春放弃了短辫子渠旧口，"另自黄河寻口开渠引接壕内，而自黄河寻口开渠者，乃王同春始也"[2]。在重挖短辫子渠时，王同春首创从黄河开口，这奠定了河套干渠从黄河引水的技术基础。因为郭大义是重挖短辫子渠的经理，故名老郭渠。郭大义死后，其子郭敏修子承父业继续开挖和管理老郭渠。光绪十年（1884年），郭敏修将老郭渠向东北接挖，经惠丰长、隆恒昌、致中和而入乌加河，共长四十五里。此工程共费十二年始告完成，是为老郭渠北梢。光绪二十三年（1897年）又接挖干渠，利用塔布太河入长济渠，转入乌加河，共长四十里，费时五年，是为老郭渠南梢。至此"两梢具通，宣泄顺利，全渠始告成功，计长一百一十里"[3]。在干渠开挖的过程中，两侧共开支渠二十七道，其中地商陈四、史老虎、积厚堂三家合开四道；贺瑞雄、郑映斗各开一道；郭敏修、刘保小子、吉尔蛮太各开三道；高、蔡两家合开蔡家渠一道；李达元开一道；史老虎单独开八道。干渠支渠工款共计三十万两。民国四年（1915年）老郭渠改称通济渠。[4]

（2）长济渠的开挖。长济渠原名长胜渠，于同治十一年（1872年）为地商侯双珠（侯毛骡）、郑和等人共同开挖。该渠原本是短辫子壕与塔布河之间的天然沟道，侯、郑在开挖老郭渠的影响下，在塔布河西二里黄河上直接开口，利用一段天生

---

① 陈耳东．河套灌区水利简史[M]．北京：水利水电出版社，1988：157．

② 王喆．后套渠道之开浚沿革[Z]//中国人民政治协商会议内蒙古自治区委员会文史资料研究委员会．内蒙古文史资料：第36辑　王同春与河套水利．呼和浩特：内蒙古文史书店，1989：159．

③ 王文景．后套水利沿革[Z]//中国人民政治协商会议巴彦淖尔盟委员会文史资料委员会．巴彦淖尔盟文史资料：第5辑，1985：104．

④ 《巴彦淖尔盟志》编纂委员会．巴彦淖尔盟志[M]．呼和浩特：内蒙古人民出版社，1997：446．

壕，经大北淖至东槐木，开挖生工渠五十里，历时七年。侯双珠积劳成疾病故，由其侄子侯应魁继续挖渠事业，再向东北接挖，经大有公、昌汉淖入乌加河，计长三十二里，费时八年。光绪二十五年（1899 年），商号德恒永自树林子接挖，经二小圪堵、宿亥淖入乌加河，计长三十二里。因该渠宣泄不畅，侯应魁特邀王同春帮助解决。王所勘测的退水路线，自圪生壕境，由旧那林河转入乌梁素海，计长二十八里。①

（3）塔布渠的开挖。王喆记载："塔布河乃天然之流，塔布即蒙语'五'字之意。该河在河套第五道河流，其名或由此起也。"②这里将塔布河得名原因解释为黄河第五条支流。"塔布河原为天然壕，每界伏汛之期，黄河涨溢，则壕内之水骤为之满，再大时，自黄河至乌梁素海长约百里之距离，亦连贯而成注水之大濠。彼时名为塔布河，塔布乃蒙语，即五步之意，言其狭小也。"③这里将塔布河解释为狭小之河，并且描述了黄河伏汛期河水漫溢到天然壕沟的情形。道光三十年（1850 年）河套东部黄河北岸决口，自西斜向东南，冲开一个壕。大致在咸丰十一年（1861 年），黄河漫溢之洪水汇集到天然壕下游的大片洼地，与当时尚未断流的北河串联起来，冲成一条新河流，就是塔布河。④ 在塔布河水漫溢的地方，咸丰年间有一个叫何里华的汉人，耕种乌梁素海附近河水漫过的地亩，考虑到塔布河经常泛滥，就在乌梁素海以西修筑长坝，以杜绝河水东流，这是塔布河水利的滥觞。⑤ 同治二年（1863 年），有侯、田两姓在塔布河中游两岸挖小沟灌田，同治末年塔布河上游基本淤塞，下游积水也蒸发，残留淤泥和鱼虾等有机质，土质肥沃无比。光绪初年，地商樊三喜、夏明堂、成顺长、高和娃和蒙古族人吉尔吉庆组成五大股，合力修挖塔布河。在王同春的建议下，不用旧口，而是另挖新口，从长济渠口东四里黄河上游直接引水，下接塔布河旧道，经李三树、邓存店、圪舍桥，再向东南开挖退水渠一道，入乌梁素海。光绪七年（1881 年）基本完工，灌地一千余顷。

（4）义和渠的开挖。义和渠原名王同春渠，"倡开此渠者，为五原故绅王同春。王光绪年间来套，纵览周原，但见沃野千里，思若能引黄河之水灌溉，则地皆膏腴也。于是孜孜考求，每于落雨时乘骑外出，观积水以测地之高低"。⑥ 王同春观测河套地形的工具叫作"治水器"，"事前，王君西至宁夏，考查该省秦汉各渠渠形，并仿制治水器，俱审其所长，以资借镜，回套后，并遍历全套，审视地形，

———————————

① 王文景. 后套水利沿革[Z]//中国人民政治协商会议巴彦淖尔盟委员会文史资料委员会. 巴彦淖尔盟文史资料：第 5 辑，1985：102-103.

② 王喆. 后套渠道之开浚沿革[Z]//中国人民政治协商会议内蒙古自治区委员会文史资料研究委员会. 内蒙古文史资料：第 36 辑　王同春与河套水利. 呼和浩特：内蒙古文史书店，1989：177.

③ 绥远通志馆. 绥远通志稿：卷四十（上）：水利[M]. 呼和浩特：内蒙古人民出版社，2007：721.

④ 陈耳东. 河套灌区水利简史[M]. 北京：水利电力出版社，1988：162-163.

⑤ 王文景. 后套水利沿革[Z]//中国人民政治协商会议巴彦淖尔盟委员会文史资料委员会. 巴彦淖尔盟文史资料：第 5 辑，1985：101.

⑥ 绥远通志馆. 绥远通志稿：卷四十（上）：水利[M]. 呼和浩特：内蒙古人民出版社，2007：612.

确知西南高，而东北低，黄河流向自西而东，若顺其自然形势开渠灌田，决无不成之理"①。王同春在确认河套地势西南高、东北低之后，于光绪六年（1880年）动工开挖义和渠，由土城子北黄河岸开口，利用天然沟壕向东北开挖。当时开渠断面仅宽二丈，一面出土，分段施工，当年挖到同兴德。第二年挖到隆兴长并开始浇灌土地。光绪十年（1884年）挖到把总地、邓存店，经管三壕放退水入通济渠。光绪十二年（1886年）又向正北开挖退水渠一道，由贾粉房入乌加河。但因坡度不好，又于光绪十五、六年（1889、1890年）雇佣外来灾民，又向东北经老赵圪堵、同心泉、银岁桥、范碾桥送入乌加河。全渠长一百一十里，"灌溉区域，面积二千八百余顷，能种之地，约二千余顷，能浇者千顷以上"②。义和渠灌溉区域以隆兴长为中心，隆兴长逐渐发展为河套的政治、经济、文化及交通中心。

（5）沙和渠的开挖。"沙和渠系王同春于光绪十七年开挖。事前因达拉特发生内争，王同春亲为调解，费月余之力，消费银二千余两，始告解决。达旗感念王君之德，遂将隆兴长以西地亩，租与耕种。王君因感有地无水，遂兴意动工，夙兴夜寐，奔劳辛勤，日无暇晷，亲率工人开挖，因渠口附近数里皆为沙漠，故名曰沙和渠，又名王同春渠。"③这段话将沙和渠的前因和沙和渠之得名介绍得非常清楚。光绪十七年（1891年），该渠自杭锦旗马场地，沿黄河岸惠德成开口，经十大股而入哈拉格尔河，长十七里，宽三丈六尺，深六尺。光绪十八年（1892年），顺哈拉格尔河，经柴生地而至黑进桥（郝敬桥），计经修挖长二十四里，宽三丈六尺，深四尺。光绪十九年（1893年），自黑进桥（郝敬桥），经鸭子图、一苗树至补红地，计长九十里，宽三丈四尺，深五尺。光绪二十一年（1895年）开挖正梢，经梅令庙、马面换圪旦、继荣堂而入乌加河，计长三十二里，宽二丈二尺，深四尺，以资退沙和渠内之水。光绪二十二年（1896年），自补红地向东北接挖，经后补红、通玉德又开东梢引水退入乌加河，计长三十二里，宽二丈，深四尺。全渠自渠口至乌加河，全长九十里，工费银九万两。沙和渠开挖之际，正值北方诸省大旱，大量难民逃入河套地区，为沙和渠提供了廉价的劳动力，全部工程进展比较迅速，仅用五年就大功告成。沙和渠灌溉区域约二千二百顷，能耕种者约一千一百顷。④

（6）丰济渠的开挖。丰济渠原名协成渠，初名中和渠，又名皇渠。"先是同治初年，有甘肃凌州人贺百万守明者，以银三十六万在祥太魁东开设协成字号，经营蒙古生意，由赵三鉴为经理。赵君鉴刚目河溢出之水漫溢该号左近，浸占低凹

① 王喆. 后套渠道之开浚沿革[Z]//中国人民政治协商会议内蒙古自治区委员会文史资料研究委员会. 内蒙古文史资料：第36辑　王同春与河套水利. 呼和浩特：内蒙古文史书店，1989：171.

② 绥远通志馆. 绥远通志稿：卷四十（上）：水利[M]. 呼和浩特：内蒙古人民出版社，2007：613.

③ 王喆. 后套渠道之开浚沿革[Z]//中国人民政治协商会议内蒙古自治区委员会文史资料研究委员会. 内蒙古文史资料：第36辑　王同春与河套水利. 呼和浩特：内蒙古文史书店，1989：174.

④ 王文景. 后套水利沿革[Z]//中国人民政治协商会议巴彦淖尔盟委员会文史资料委员会. 巴彦淖尔盟文史资料：第5辑，1985：100.

地亩甚多，遂照杨家河附近耕作法，将刚目河来源筑坝切断，只令水润一次，不令继续流入；俟地内之水干涸，该号仿照内地耕作法，耕种附近地亩，如此耕种者凡十数年之久。迨同治末年，因刚目河口被黄河洪水淤废，该号附近地亩因无水浇灌，致全部荒废，而协成字号亦陪累倒闭。"[①]这时有一个达拉特旗官府的维某住在刚目河南边，出银二千两，从刚目河向正北协成号开挖小渠一道，长十二里，宽一丈二尺，深五尺，浇灌协成号已荒之地。同时维某开设天吉太商号，经营蒙古生意。几年后刚目河口及中部先后淤平，维某所经营土地随之荒废，商号亦倒闭。光绪十六年（1890 年），经人从中说合，维某将渠地全部卖给王同春。光绪十八年（1892 年），王同春集资二万两白银，从黄芥壕黄河北岸开口，经杭锦旗马场地、天吉太向北截断刚目河，送入维某当初所开小渠，计新工长三十二里，宽四丈，深六尺。以后继续将协成小渠劈宽挖深，向西北开挖退水渠，经同元成东送入刚目河天然壕内，又费银三万二千两。但因退水不畅，光绪二十三年（1897 年），又向北开挖退水渠，经银定图入乌加河内，共长二十八里，宽三丈，深四尺。至此全部工程完成，长九十余里，历时八年，支出工银七万余两。[②]

从清中叶到光绪三十年（1904 年），除了这些大干渠之外，地商还开挖了一些小干渠，其中主要有：强家渠，长三十余里，光绪四年（1878 年）五月强姓地商开挖；土默特渠，长五十余里，光绪元年（1875 年）五月开挖；刘三地渠，长五十余里，光绪四年（1878 年）五月开挖；秀华堂渠，长三十余里，光绪四年（1878 年）五月甄姓地商独资开挖；厂汗淖渠，长二十余里，光绪二十八年（1902 年）蒙古人自行备款开挖；十大股渠，长三十里，同治五年（1866 年）张姓地商备款修挖；魏羊渠，长四十余里，光绪四年（1878 年）五月魏姓地商私款开挖；天德源渠，长四十余里，光绪元年（1874 年）五月天德源独资开挖；德成渠，长三十余里，光绪二十年（1894 年）五月私款开挖；熊万库渠，长二十五里，光绪二十年（1894 年）地商常兴堂备款开挖；阿善渠，长六十里，同治三年（1864 年）由地户公惠诚备款开挖；存厚堂渠，长三十五里，同治年间由邬姓地商备款开挖；宿亥滩渠，长五十余里，光绪二年（1876 年）开挖，需款由地方起征；永成渠，长二十余里，同治元年（1862 年）开挖，需款由地方起征；合少公渠，长四十余里，咸丰元年（1851 年）开挖，需款由地方起征；致远堂渠，长四十余里，光绪十八年（1892 年）开挖。[③]

开发时期是河套水利的黄金时期，"河套水利，至清朝同、光之际，后人所盛称开辟套地水利、谙悉水脉之王同春者，始至其地。而其先，已有川人郭敏修者凿渠放地于斯土，又有甄玉、侯应魁及郑、田、杨姓各地商步伍于后，至光绪中

① 王喆. 后套渠道之开浚沿革[Z]//中国人民政治协商会议内蒙古自治区委员会文史资料研究委员会. 内蒙古文史资料：第 36 辑　王同春与河套水利. 呼和浩特：内蒙古文史书店，1989：168-169.

② 王文景. 后套水利沿革[Z]//中国人民政治协商会议巴彦淖尔盟委员会文史资料委员会. 巴彦淖尔盟文史资料：第 5 辑，1985：95-96.

③ 绥远通志馆. 绥远通志稿：卷四十（上）：水利[M]. 呼和浩特：内蒙古人民出版社，2007：754-760.

年，遂有缠金、刚目、中和、永和、老郭、长胜、塔布、义和等八干渠之成功，而以王同春所开至渠为著，其尽力独多也"①。关于开发时期的河套水利，王文景评论道：此时的河套水利基本上是人民群众的自发行动，政府一概没有过问。渠道的修挖与管理由地商掌握，如果遇到紧急工程或者决口等情况，地商号令一出，农民齐声响应。当时各大干渠渠身通畅，退水顺利，支渠四达，田畴备野，禾苗青青，俨同内地，"亦可谓河套水利最初兴盛时期"②。这是比较中肯的看法。

二、官办时期

官办时期是指从贻谷督办垦务开始至民国十六年（1927 年），政府将私有干渠收归公有和管理渠道时期。

（一）官办时期河套水利概况

正当民办水利取得相当成绩时，清政府兴起"移民实边"之议。光绪二十八年（1902 年）清廷任命贻谷为钦差大臣督办蒙旗垦务，贻谷一方面推进蒙旗报垦，一方面将八大私有干渠收买归公，全盘统筹修渠筑坝事宜，取得一定成绩，也有很多弊端。贻谷被参之后，河套垦田面积既没有增加，干渠又大多数淤塞。进入民国，因为各大干渠官办官营出现问题，改由地商分渠包办。当时绥远省垦务局兼管水利，绥远省建设厅又与垦务局事权共分，由于事权不一，互相扯皮，水利管理机制没有根本改善。加上各大干渠的承包者成绩少而失败多，不得不于民国九年（1920 年）改由灌田社包办。因为灌田社被军阀政客所控制，既没有水利常识，又唯利是图，不顾整修渠道，结果渠道淤塞，垦地荒芜。民国十二年（1923 年），绥远都统接受王同春、张厚田、杨文林、杨嗣殷、崔国仁、魏三槐、王喆、马骥等地方人士的要求，将八大干渠从灌田社收回，交给地方绅士包办。③ 由王同春、李增荣、张厚田、杨文林等组织"汇源水利公司"，统一承包永济、义和、沙和、刚目、丰济五大干渠，以十五年为期。同时以原灌田社改头换面组成的"兴农社"，统一承包通济、长济、塔布三大干渠。垦务局规定各渠租地仍由原地户承租，同时制定水利章程，情况稍有缓和。民国十四年（1925 年）冯玉祥下令取消官民包租办法，尽收套内各渠，第二次官办开始。民国十五年（1926 年）国民军西进，第二次官办搁浅。④

（二）官办时期河套水利成就

这一时期政府将私有干渠收归官办，民间自发开发水利的势头被打压下去，

---

① 绥远通志馆．绥远通志稿：卷四十（上）：水利[M]．呼和浩特：内蒙古人民出版社，2007：590-591.

② 王文景．后套水利沿革[Z]//中国人民政治协商会议巴彦淖尔盟委员会文史资料委员会．巴彦淖尔盟文史资料：第 5 辑，1985：89-90.

③ 周晋熙．绥远河套治要[M]//马大正．民国文献资料丛编·民国边政史料续编：第 22 册．北京：国家图书馆出版社，2010：142.

④ 陈耳东．河套灌区水利简史[M]．北京：水利水电出版社，1988：83-84.

虽然官办水利存在管理机制上的种种问题，但河套水利依然取得了一些成就。下面从官办水利成绩、民户包租成绩、民修水利成绩和教会水利成绩四个方面来介绍。

1. 官办水利成绩

光绪二十八年（1902年）之后，由于管理体制上的问题，地商不再积极维修渠道，导致渠水不能畅流灌溉，很多渠地就荒芜了。于是垦务局决定对已收归渠道修浚，从光绪二十九年（1903年）开始，先组织整修长济、永济两渠，之后又整修其他干渠，至光绪三十一年（1905年），将各大渠都修浚一新。[①]

（1）整修长济渠（长胜渠）。长济渠原名长胜渠，光绪三十二年（1906年），在贻谷主持下垦务局拨专款，废弃原塔布渠上游旧口，另辟新口，自黄河起至刘召儿房后与旧渠衔接，计长三十三里。[②] 从此改名长济渠。[③]

（2）整修永济渠（缠金渠）。光绪三十二年（1906年），贻谷鉴于永济渠严重荒废，便聘请王同春对该渠进行勘测，准备大动工程。王同春自黄河岸边秀华堂起至强油房，往返巡视月余，制定了吸水法。具体做法是将永济渠由黄河重新开口，经德和泉、强油房而送入北沙梁之沙海，以吸引黄河之水；再由沙海北接修穿断旧刚目河，仍入永济渠；同时将永济渠劈宽挖深，经二喜渡口、公中庙等处接入乌加河。[④] 干渠以下开挖整修支渠六条，即乐字渠（西乐渠）、兰字渠（永兰渠）、永字渠（西渠）、远字渠（中支渠）、流字渠（旧东渠）、长字渠（新东渠）。此次共开支工银二十万两，缠金渠改名为永济渠。[⑤]

（3）整修丰济渠（中和渠）。光绪三十一年（1905年）中和渠收公，改名丰济渠。之后由垦务局出资自五分子开挖什巴圪图支渠，长十六公里，兼做灌溉和退水之用，垦务局又相继开挖塔尔湖、铁毛什拉、安师爷和补隆淖支渠，费银二十三万两。[⑥]

（4）整修塔布渠。光绪三十二年（1906年），贻谷将塔布渠另挖新口，又将杨福喜店至邓存店长五里的湾子，切湾取直，此项工程耗时约两年，耗资五万两白银。[⑦]

（5）整修沙和渠。光绪三十四年（1908年），垦务局利用山东、河南等人河套难

① 陈耳东. 河套灌区水利简史[M]. 北京：水利水电出版社，1988：56.

② 王文景. 后套水利沿革[Z]//中国人民政治协商会议巴彦淖尔盟委员会文史资料委员会. 巴彦淖尔盟文史资料：第5辑，1985：103.

③ 内蒙古河套灌区解放闸灌域管理局. 内蒙古河套灌区解放闸灌域水利志[M]. 呼和浩特：内蒙古地矿印刷厂，2002：243.

④ 王喆. 后套渠道之开浚沿革[Z]//中国人民政治协商会议内蒙古自治区委员会文史资料研究委员会. 内蒙古文史资料：第36辑 王同春与河套水利. 呼和浩特：内蒙古文史书店，1989：154.

⑤ 陈耳东. 河套灌区水利简史[M]. 北京：水利水电出版社，1988：153-154.

⑥ 《巴彦淖尔盟志》编纂委员会. 巴彦淖尔盟志[M]. 呼和浩特：内蒙古人民出版社，1997：448.

⑦ 陈耳东. 河套灌区水利简史[M]. 北京：水利水电出版社，1988：164.

民，将沙和渠干渠通身疏濬一次，约花费五万两白银。"经此疏濬，水势通畅。灌田渐广，农民利赖焉。"①

（6）整修通济渠（老郭渠）。通济渠原名老郭渠，贻谷以七万两白银将老郭渠收归公有，民国四年（1915年）改名通济渠。民国八年（1919年），由国民军第一师靳团长和五原垦务局王济若局长倡议集资办水利，向王同春等大地商集资三万元，用于通盘整修通济渠，并由王同春负责勘测设计和施工。工程主要是把通济渠口接在与义和渠同一引水的套河上。渠道六月二十六日放水，"渠底宽四丈三尺，口宽四丈八尺，深六尺，一昼夜行水一百二十里，每日可灌田四十顷"②。

2. 民户包租成绩

进入民国，各大干渠改由民户包租，其中成就比较突出的有丰济渠、沙和渠与永济渠。丰济渠由地商张林泉伙同垦务委员田全贵、商人王在林组成五大股，先后包租五年，情况较好。沙和渠由王同春之子王璟包租五年，王璟死后委托杨满仓经理，第一个五年情况尚好。民户包租成就最大者当属永济渠包户杨茂林。杨茂林是当时一流的水利专家，在三年承包之中，以培养花户为经营永济渠的第一要务，为永济渠辟渠口、浚渠道、开渠梢，使永济渠两岸村庐运屯，鸡犬相闻。这就是永济渠历史上的中兴时代。

3. 民修水利成绩

河套的水利在晚清形成了八大干渠，进入民国又演变为十大干渠。河套十大干渠的形成主要是地商组织的民间力量的贡献。地商组织农民开渠的高潮在同光时期，后由于贻谷将地商的私开干渠收归公有，地商遭到空前打击，而不合理的管理机制也挫伤了民间的积极性，但是蕴藏在农民身上的力量并没有消失，不过是暂时潜伏，从清末到民初地商进入了一个潜伏期。民国六年左右，潜伏已久的地商力量再次爆发，地商重登河套水利舞台，再次掀起开渠高潮。

民国地商开渠的最大成绩是杨家河的开挖。由于杨茂林被剥夺永济渠承包权以及杨满仓承包沙和渠已无经济效益，杨家遂计划在乌拉河以西的杭盖地自创一条大渠。杨家与天主教会协商订立合同，又与杭锦旗订立租地合同，顺利承包到土地。杨家众弟兄实地考察数月并邀请王同春帮助勘测，最终确定了杨家河渠线。民国六年（1917年）春，从原义祥永东南黄河畔之毛脑亥口开口动工，开至乌兰淖，同时开挖了中谷儿支渠。民国七年（1918年），挖至哈喇沟将干渠新工临时接入大沙沟，同时开挖了黄羊木头支渠。民国八年（1919年），干渠挖至杨柜，同时开挖陕坝支渠。民国九、十年（1920年、1921年）开挖了老谢支渠、三淖支渠和西边支渠的大部工程及陕坝支渠的全部工程。民国十四年（1925年），干渠挖到三道桥。民国十五年（1926年）将干渠挖到王栓如圪旦以北，接入乌加河。民国十六年（1927

---

① 绥远通志馆. 绥远通志稿：卷四十（上）：水利[M]. 呼和浩特：内蒙古人民出版社，2007：604.

② 陈耳东. 河套灌区水利简史[M]. 北京：水利水电出版社，1988：160.

年），将干渠西侧的三淖支渠梢接挖送入乌加河，同时将大沙沟梢部开挖的蛮会支渠由梢部接挖送入乌加河。杨家河开挖过程中，杨米仓、杨满仓和杨茂林先后因劳累去世，杨家以无比之决心与毅力，团结一致，前赴后继，终成大业。工程历时十年之久，费银七十余万两，计干渠全长一百四十余里，浇地一千余顷，列入民国河套十大干渠。

此外，民国初期河套的地商还开挖了一些渠道，其中比较大的有德和泉开挖的三大股渠、丹达木头渠，及其接挖的兰锁渠。民国六年（1917 年）海盛奎赵海、德和泉李增荣、世成西田喜贵三家结股集资，开挖三大股渠。民国六年（1917 年）由马长地附近黄河开口，民国八年（1919 年）挖到西渠口韩二圪旦，将近七十五华里，并开始浇灌两岸土地。而后继续挖了三年，于民国十一年（1922 年）挖到桃园公。[①] 渠宽四丈，深五尺，全长九十华里，灌溉面积五百余顷[②]，用款十万银圆。[③] 民国十三年（1924 年），李记德和泉筹集资金，在绥远都统李鸣钟的贷款支援下，由李增荣担任经理，开挖丹达木头渠，日出民工三百余人，连续接挖三年，才完成放水。丹达渠全长八十余里，具有干渠的容水量，灌溉面积达一千多顷。[④] 兰锁渠原系天生壕，光绪三十一年至三十三年（1905—1907 年）由清廷垦务局挖成。民国二年（1913 年）李增荣担任经理，由永济渠口西起，经永胜、永宁、永康、永福、永嘉等乡，到达拉地为止，全渠七十五华里，宽四丈，深五尺，灌溉面积九百顷。之后李增荣又将丹达渠、兰锁渠改建为合济渠。[⑤] 此外还有同兴德渠、新灶火渠、李仲保渠、学田渠、兴盛成渠等渠开挖。[⑥]

4. 教会水利成绩

天主教会对河套近代历史影响极大。天主教会为了扩大势力，往往开渠垦荒，招民耕种，其开渠治水活动客观上促进了河套的水利开发与建设。天主教会的主要水利成绩是对黄济渠的重新修浚。黄济渠原名黄土拉亥河，是河套西部原南北河之间的一条天然河流，渠口有黄土脑包一座，蒙古族人又把脑包叫作拉亥，所以得名黄土拉亥河。[⑦] 同治十二年（1873 年），陕西府谷商人杨廷栋因其先人在蛮会、大发公一带经营蒙古生意，租得黄土拉亥河下游达拉特旗部分土地，引黄土

①　周汝治，张连武. 世成西与绥远农业改进所简析[Z]//中国人民政治协商会议临河县委文史资料室. 文史资料选辑：第 3 辑，1985：98-99.

②　临河政协文史资料室. 临河李记"德和泉"的兴衰[Z]//中国人民政治协商会议临河县委文史资料室. 文史资料选辑：第 1 辑，1985：9.

③　绥远通志馆. 绥远通志稿：卷四十（上）：水利[M]. 呼和浩特：内蒙古人民出版社，2007：755.

④　临河政协文史资料室. 临河李记"德和泉"的兴衰[Z]//中国人民政治协商会议临河县委文史资料室. 文史资料选辑：第 1 辑，1985：9.

⑤　临河政协文史资料室. 临河李记"德和泉"的兴衰[Z]//中国人民政治协商会议临河县委文史资料室. 文史资料选辑：第 1 辑，1985：9-10.

⑥　绥远通志馆. 绥远通志稿：卷四十（上）：水利[M]. 呼和浩特：内蒙古人民出版社，2007：756-760.

⑦　巴彦淖尔市地方志办公室. 临河县志[M]. 海拉尔：内蒙古文化出版社，2010：199.

拉亥河水浇灌。[①]至光绪初年(1875年)，鉴于老郭渠开渠种地，杨廷栋又与辖治该渠上游的杭锦旗商妥，包租两岸土地，并且聘请治水专家将黄土拉亥河整理成渠道，引水灌溉[②]，每年向该旗缴纳水租银二百两。[③]后来因黄土拉亥河引水口经常变换位置，八岱一带风沙淤渠，屡修屡废，杨家家业衰落，渠地荒芜。[④]至光绪十年(1884年)，杨廷栋之孙杨增祥，到萨拉齐厅要求包租土地，政府禁垦令未废，官府刁难敲诈，"赴萨拉齐县立案，因得教士力，诉讼未至失败。乃将包租地一段，转租与教士，并立大发公教堂"[⑤]。杨增祥利用教会和官府打官司，诉讼虽然未败，但政府将杨氏承包的部分土地转租给教会，教会在玉隆永、大发公设立了教堂。后来杨增祥的后母杨三寡妇屡次与教会发生矛盾，时值清朝末年，外国教士专横跋扈，杨三寡妇对教会积怨愈深。清光绪庚子年(1900年)，杨三寡妇纠合达拉特旗蒙兵，捣毁玉隆永、大发公教堂，杀死教士及教民数人，酿成教案。[⑥]教会以赔教款名义，全部占有黄土拉亥河渠地。清末黄土拉亥河严重淤积，陕坝以南地方仅有三四顷可耕地，于是教会出面组织挖渠。光绪三十二年(1906年)，教会出资整修黄土拉亥河，开挖上蛮会支渠及其配套子渠。民国三年(1914年)，开挖下蛮会西支渠和玉隆支渠。民国四年(1915年)，开挖大发公支渠。民国七年(1918年)，开挖沙壕支渠。民国八年(1919年)，开挖园子支渠。民国十年(1921年)，教会将转租杨家河水浇地获取利益五万余两白银用于再投资，将黄土拉亥河天然渠口移接到保登图下湾的二万圪旦西南，开挖生工十里，并将大发公渠口以下劈宽送入乌加河退水。[⑦]经过十余年的整修，黄土拉亥河的灌溉系统逐渐完备，灌溉面积日益扩大。民国十四年(1925年)临河设治，经临河设治局长官绅等与教会交涉，将黄土拉亥河渠地无条件收回。民国三十二年(1943年)黄土拉亥河改名黄济渠，列为河套十大干渠。

王文景认为官办时期是河套水利的废弛时期，此观点值得商榷。光绪二十九年(1903年)至光绪三十年(1904年)，清政府收回地商所开私有渠道，设立的垦务局统一管理，清同光以来地商掀起的水利建设高潮宣告结束。这样，从光绪三十一年(1905年)至清朝末年(1911年)的几年，河套水利处于低落时期。这一时期河套水利面临困境，水利管理机制滞后，水利建设资金积累受阻，地商也进入潜伏

① 《巴彦淖尔盟志》编纂委员会．巴彦淖尔盟志[M]．呼和浩特：内蒙古人民出版社，1997：449．

② 王喆．后套渠道之开浚沿革[Z]//中国人民政治协商会议内蒙古自治区委员会文史资料研究委员会．内蒙古文史资料：第36辑 王同春与河套水利．呼和浩特：内蒙古文史书店，1989：165．

③ 《巴彦淖尔盟志》编纂委员会．巴彦淖尔盟志[M]．呼和浩特：内蒙古人民出版社，1997：449．

④ 内蒙古河套灌区解放闸灌域管理局．内蒙古河套灌区解放闸灌域水利志[M]．呼和浩特：内蒙古地矿印刷厂，2002：109．

⑤ 绥远通志馆．绥远通志稿：卷四十(上)：水利[M]．呼和浩特：内蒙古人民出版社，2007：661．

⑥ 绥远通志馆．绥远通志稿：卷四十(上)：水利[M]．呼和浩特：内蒙古人民出版社，2007：661．

⑦ 内蒙古河套灌区解放闸灌域管理局．内蒙古河套灌区解放闸灌域水利志[M]．呼和浩特：内蒙古地矿印刷厂，2002：110．

期。民国以来的民户包租，虽然没有根本扭转河套水利的被动局面，但已经有种种复苏的迹象。地商经过十余年潜伏，从民国六年(1917 年)起重新登上舞台，这就是杨家河及丹达渠、三大股渠等渠的开挖，加上教会重修黄济渠，民国初期河套水利再次掀起一个开发高潮。晚清至民国，河套开发的进程是：西部最早开发，中心转向东部，中心重回西部。河套东部开发早在道咸年间；同光以来，以五原东部为主；西部以永济中兴为起点，民初有杨家河的开挖、黄济渠的修浚及其他渠道的开挖。同光以来河套水利开发，总体上是从东至西逐步推进的过程，光绪三十一年(1905 年)之前，河套东部的水利开发基本定型；经过光绪三十一年(1905年)至民国六年(1917 年)的十余年过渡期，以杨家河的开挖为起点，河套开发的中心重新转移到西部。综上所述，官办时期的河套水利应该分成两个阶段，第一阶段从光绪三十一年(1905 年)至清朝结束(1911 年)，可以说是河套水利的低落时期；第二阶段从民国初年(1912 年)至民国十六年(1927 年)，则是河套水利的又一个高潮时期。

三、官督民修时期

官督民修就是渠道由灌户群众自行管理，官厅负有权责监督。河套干渠在渠务专管机构的统一领导下，渠务经费由计收水费自给自足，只有在工程无法开支时，政府予以适当补贴。[①] 河套各大干渠组织水利公社，由人民选举经理，秉承水利局之监督，指导办理渠社事宜。官督民修时期为民国十七年(1928 年)至民国三十七年(1948 年)。

(一)官督民修时期水利概况

政府逐渐注意官办水利的弊病，民国十七年(1928 年)，绥远建设厅厅长冯子和(冯曦)鉴于官办水利的失败，锐意整理，认为官办和民办都有优点和缺点，综合考量，决定实行官督民修。政府成立包西水利管理局，各大干渠设立水利公社，人民自行管理渠道，政府负责监督指导。民国十八年(1929 年)，召集各大干渠经理在包头召开水利会议，拟定各种水利章程，向山西银行贷款十六万元，分给各社用于修浚渠道。民国二十四年(1935 年)又成立五临安水利整理委员会为水利最高表决机关，水利行政机构的运行，各大干渠的修浚，都以该会的决议为依据。同年由绥远省财政拨款九万元用以修整永济渠、丰济渠。开挖乌加河、西山咀退水渠，使得淤塞的渠道得到疏通，决口的渠道得到堵塞，河套水利百废渐举。民国二十五年(1936 年)鉴于水利局有责无权，政府有权无责，事权不能统一，就将包西各渠水利管理局改组为五临安水利管理局，由五原县长兼任局长，临河县长、安北设治局长为分局长。七七事变之后，将五临安水利管理局改组为绥西水利总

---

① 陈耳东. 河套灌区水利简史[M]. 北京：水利水电出版社，1988：96.

局，由建设厅长兼任总办，行政督察专员兼任会办，另外设立坐办处理日常事务。由五临安三县局长兼任总局水利督察员，负责督导考察县治内各渠的水利社事务，得到政府统一管理水利的效果。[①] 民国二十八年(1939年)春傅作义率部进入河套地区，河套成为中国西北重要抗战基地。河套人民为了抗击日本侵略者，引水阻援，取得震惊中外的五原大捷，同时河套的水利设施也受到严重破坏。针对这种情形，出于争取抗战胜利的需要，傅作义提出"治军与治水并重"的原则，在河套大修水利，开创了河套近代水利史上军事水利建设的先例。[②]

(二)官督民修时期水利成绩

官督民修时期水利成绩可以分为官督民修水利成绩、绥西屯垦水利成绩、战时军事水利成绩、战后水利成绩四个方面。[③]

1. 官督民修水利成绩

河套水利在绥远省建设厅接管后的十年内，各个方面出现了很大进展，出现了"水利中兴"的局面，主要表现在干渠修整、私渠开挖和生产发展等方面。

绥远建设厅和包西水利局对于干渠的大规模修整主要有两次，一次是使用包西水利会议分配的十六万元贷款；一次在民国二十四年(1935年)前后建设厅贷款十二万五千元，用以修整渠道，其中永济六万元，丰济一万元，通济一万元，西山嘴退水渠四万五千元。主要用于：第一，疏通引水口，洗挖输水干渠，加修渠背。第二，开挖退水渠通乌加河。民国十八年(1929年)，先修挖义和渠退水渠，民国十九年(1930年)，开挖丰济渠、黄济渠、长济渠、通济渠、塔布渠及沙和渠退水渠，对乌拉河将天生壕支渠劈宽挖深作为退水渠送入太阳庙海子。第三，建草闸以节制洪水。从民国二十一至二十六年(1932—1937年)，共筑草闸十个，其中杨家河四个，永济渠两个，丰济渠一个，黄济渠三个。以上工程大大改善了各大干渠的引水、输水、配水和灌水状况。例如丰济渠的水量除满足自用外，还可以救济沙和渠、灶火渠。

这期间民间私开的渠道有民兴渠和合济渠。民国二十一年(1932年)，黄羊木头、乌兰淖两村人民订立合同集资，并向天主教堂借贷八千银圆开挖民兴渠，初名黄乌自修渠，民国二十二年(1933年)向建设厅报告备案时改为民兴渠。此渠浇灌黄羊木头一带地势较高、杨家河与黄济渠水位浇不到的地方，长三十公里，可灌田五百顷，实灌田二百余顷。民国二十六年(1937年)，兰锁渠与丹达渠的灌户决定将两渠合并，由李增荣任经理，集资开挖合济渠，可灌地六百余顷。

---

① 王文景. 后套水利沿革[Z]//中国人民政治协商会议巴彦淖尔盟委员会文史资料委员会. 巴彦淖尔盟文史资料：第5辑，1985：91-92.

② 陈耳东. 河套灌区水利简史[M]. 北京：水利水电出版社，1988：117-120.

③ 关于官督民修时期的水利建设成绩主要参考《河套灌区水利简史》第六章、第七章相关部分. 陈耳东. 河套灌区水利简史[M]. 北京：水利水电出版社，1988.

这期间由于水利的兴修，促进了灌溉面积的扩大和粮食产量增加。民国十七年(1928年)至民国二十七年(1938年)，公有干渠丈青面积在八千顷左右，私有渠道丈青面积在二千顷左右，总数约万顷，比民国十七年(1928年)之前发展了四千五百顷。实际灌溉面积则至少比丈青面积多一倍。灌溉面积的扩大促进了粮食生产的增加，民国二十年(1931年)河套产粮一亿余斤，人口约十万口，人均粮食一千余斤，应该说是比较富余的。

2. 绥西屯垦水利成绩

从民国二十一年(1932年)至民国二十七年(1938年)，河套水利开发的一个重要方面即绥西屯垦水利。民国二十一年(1932年)阎锡山掌管山西和绥远两省军政大权，提出"屯垦西北，造产救国"的口号，成立"绥区屯垦办公署"，组建屯垦连队，分赴五原、临河进行屯垦。绥西屯垦以水利建设为重点，开挖了一些小干渠和支渠。

绥西屯垦队开挖的小干渠有川惠渠、华惠渠。五原南牛犋和锦绣堂地处义和渠上游，因为义和渠年久失修，年年淤澄，致使两地浇水困难。有鉴于此，五原屯垦办事处派出王文景用现代科学技术绘制新渠线，开挖了川惠渠和华惠渠。两渠均从黄河引水，渠经福泰昌以南地方，分为东西两条支渠，东枝梢至义贞吉海子，西支梢达六分子，渠长八十余里。开挖时施工人数达五千余人，两个月竣工，工费一万四千余元。渠成之后，水流畅通，群众称便。[①]

绥西屯垦队开挖的支渠有百川渠、义惠渠、寿轩渠、光惠渠及清惠渠等。从民国二十一年(1932年)，屯垦队利用祥泰魁旧渠改挖新渠，以阎锡山别号命名为百川渠。渠从永济渠引水，长六十余里，宽二丈四尺，均深五尺，历时两年，工费一万五千余元。另外开挖七道支渠，总长度四十余里，梢通刚目渠。百川渠灌溉面积可达千余顷。临河县八岱滩位于黄土拉亥河上游，地势很高，南北界于沙梁，引水不易。于是民国二十二年(1933年)屯垦队新开义惠渠，由黄土拉亥河引水，又从义惠渠引水开挖支渠三道、子渠十八道。寿轩渠在临河县苏台庙(寿轩乡)，民国二十二年(1933年)开挖，由杨家河引水，长十余里。之后又在苏台庙挖了一道志谢渠。光惠渠在蛮会，从黄土拉亥河蛮会坝开口引水，中间一段接五大股渠，全长二十三华里。老谢渠是杨家河一条支渠，民国九年(1920年)由杨家开挖。民国三十二年(1943年)，屯垦队在那只亥修筑草闸一座，将老谢旧渠施工整修，改名清惠渠。[②]

此外，屯垦队总结群众打坝经验，创建了草闸工程，用以挡水和调水。先在

①　王枝梅.阎锡山创办屯垦挖渠略述[Z]//中国人民政治协商会议巴彦淖尔盟委员会文史资料委员会.巴彦淖尔盟文史资料：第15辑　河套水利，1995：114-115.

②　王枝梅.阎锡山创办屯垦挖渠略述[Z]//中国人民政治协商会议巴彦淖尔盟委员会文史资料委员会.巴彦淖尔盟文史资料：第15辑　河套水利，1995：115-116.

永济渠和杨家河上试建，后逐步推广到整个河套灌区。①

3. 战时军事水利成绩

抗战时期的军事水利成绩主要有开挖机缘渠、开挖复兴渠、修建黄杨接口工程、修整乌拉河及修整杨家河。

民国三十年（1941年），傅作义将军为解决河套驻军的粮草问题，派其部属第十七师官兵三千余人，经过一个月的劳动，开挖了一条全长二十里的大渠，这就是机缘渠。该渠从三淖河口至刹台庙，共开挖土方三十多万立方米，解决了三万亩耕地的灌溉问题。当时军队挖渠是一件破天荒的事情，当地百姓认为只有在傅作义将军的主持下才能做出来，因此都异口同声地称赞"好机会，有缘法"，后来给渠定名时，人们一致同意该渠叫"机缘渠"，以志将军的功德。②

经过民国二十八、二十九年（1939年、1940年）日本侵略者对五原进犯和五原战役，沙和渠遭到严重破坏，傅作义决定把渠道的修复作为军事水利的重点。民国三十一年（1942年）春开始，绥西水利局长王文景带领工程技术人员程瑞淙等，亲自沿河查勘，最后决定开挖一条新渠。新渠选定黄芥壕以东作为渠口，与丰济渠共用一个湾子，平行黄河东至阎罗圪旦与沙和渠相接，中间横切和合并小渠口十二道。民国三十二年（1943年）春夏，傅作义派军工万余人，经五十余天施工，完成土方一百三十多万立方米，同时以少量民工在新干渠上先后修建草闸四个，把合并的小渠口分别集中到二、三、四闸引水，以便管理。当年浇灌面积达到三十万亩，以后为了保持渠口的稳定和减少洪水灾害，又在三闸开挖退水渠一道，在紧急情况下直泄黄河。在干渠右侧开挖南一、南二支渠，以尽量扩大灌域。从此沙和渠改名复兴渠，列为河套十大干渠。③ 复兴渠与河套其他干渠相比，具有一些新特点，主要有两点：第一，复兴渠是唯一用现代科学技术方法勘测设计交付施工的干渠；第二，复兴渠是唯一官渠官办并由军队开挖完成的干渠。④

黄杨接口工程就是将杨家河多余的水量引进黄土拉亥河，在口部接通，实行引杨济黄。由于黄土拉亥河严重失修，加上渠线弯曲，输水能力差，渠口渐趋浅窄，导致引水量不足，下游灌溉常闹水荒。杨家河因口部引黄位置好，进水量好，下游常遭水灾。因此经踏勘后，军事治水方案中决定修建黄杨闸工程。⑤ 工程由杨家河口部高信信圪旦开口，东北达黄羊木头南五里左右接入黄土拉亥河，长十里。工程于民国三十二年（1943年）四月开工，由副长官司令部派军队二千五百人承担

① 陈耳东. 河套灌区水利简史[M]. 北京：水利水电出版社，1988：109.

② 内蒙古河套灌区解放闸灌域管理局. 内蒙古河套灌区解放闸灌域水利志[M]. 呼和浩特：内蒙古地矿印刷厂，2002：94.

③ 内蒙古河套灌区解放闸灌域管理局. 内蒙古河套灌区解放闸灌域水利志[M]. 呼和浩特：内蒙古地矿印刷厂，2002：248-249.

④ 陈耳东. 河套灌区水利简史[M]. 北京：水利水电出版社，1988：124.

⑤ 陈耳东. 河套灌区水利简史[M]. 北京：水利水电出版社，1988：125.

开挖任务，至六月中旬完工放水，共挖土方三十一万立方米，在接口处还建有大型草闸一座。接口后的引水量，除补足黄土拉亥河用水外，还可以补济民兴渠、三大股渠的用水，二渠正式并入黄土拉亥河作为支渠，从此黄土拉亥河改名黄济渠。黄杨接口工程完成后，当年增灌面积十万余亩，又减少了杨家河下游溃决淹地之害。黄杨接口工程不是两大干渠的合并，而是在口部实行水量余缺调剂。黄济渠的原引水口仍保留，以便于必要时开放，实行两口引水。[①] 黄杨接口工程为以后的灌区治理和各大干渠口实行引水系统的归纳合并，上接水源，进行水量控制提供了实践经验，以后四首制之议和修建黄杨闸工程就是由此发展而来。[②]

乌拉河自从下梢因风沙掩埋与乌加河隔断后，处于自生自灭状态。绥西水利局根据副长官司令部和绥远省政府的指示，决定整修乌拉河。经勘测后制定的整修方案为：整修渠口，建筑渠口束水闸，以节制进水量；劈宽东梢，将该渠梢与杨家河的三淖河支渠合并，使余水泄入乌加河，并堵塞已泄各口，以防溃溢；加修渠背，增强输水能力。同时开挖临时泄水道，以排除多年来淹没大片土地的积水。工程于民国三十二年(1943年)四月开工，由傅作义派出官兵七百余人，两个月完成全部任务。共挖土方十一万立方米，建筑束口草闸一座和退水草闸一座。十一月由杨家河高信信圪旦南，开挖接口工程一道，长一千米，以引杨家河、黄济渠、乌拉河之水，保证正常灌溉。乌拉河经过这次大规模修整后，产生两大变化：一是乌拉河成为一条跨越绥远、宁夏两省的人工渠道，灌溉面积达二十至四十万亩，被列为河套十大干渠；二是临时从杨家河接口引水，成为后来修建黄杨闸，统一解决杨家河、黄济渠、乌拉河三渠引水系统问题的前奏。[③]

杨家河为杨满仓与杨米仓家族所开，一直为杨家私有私营。民国二十八年(1939年)绥远省将杨家河收归政府，民国三十一年(1942年)傅作义在河套实行新县制后，杨家河归米仓县水利局接管。为解决多年来杨家河渠道失修决口淹地问题，绥远省政府决定全面整修。主要工程有建筑束口草闸七座，退水草闸三座及头道桥、二道桥节制分水草闸二座；加修渠背三段，浚挖退水渠以及调整渠系，将机缘渠口上接到杨家河干渠引水。机缘渠原从杨家河退水道沙沟河坐草坝引水，民国二十九年(1940年)春日本西犯时将大坝烧毁。民国三十二年(1943年)决定改口引水，开挖四千米渠道上接杨家河。以上工程除发动民工外，由副长官司令部调派兵工三百名参加。杨家河经过此次全面整修后，不仅成为米仓县的一条主干渠，灌溉着该县大部分耕地，而且成为十大干渠中进水情况最好的一条干渠。杨家河的全面整修表明，在一定历史条件下，官渠官管比私渠私管有优越性，河套灌区私渠私营的历史从此结束。[④]

---

① 《巴彦淖尔盟志》编纂委员会．巴彦淖尔盟志[M]．呼和浩特：内蒙古人民出版社，1997：443.

② 陈耳东．河套灌区水利简史[M]．北京：水利水电出版社，1988：125.

③ 《巴彦淖尔盟志》编纂委员会．巴彦淖尔盟志[M]．呼和浩特：内蒙古人民出版社，1997：443-444.

④ 陈耳东．河套灌区水利简史[M]．北京：水利水电出版社，1988：126-127.

4. 战后水利成绩

民国三十四年(1945年)八月中国人民抗日战争胜利，结束了河套地区的战时状态，绥远水利局积极筹划河套灌区恢复后的治理工作，制定了治理规划和开始修建黄杨闸。

民国三十五年(1946年)绥远省水利局制定了《后套灌区初步整理工程计划概要》，对后套灌区的治理起了指导作用，产生了重要影响。《概要》的具体治理计划提出了"四首制"和"一首制"，认为一首制工程量大，可以作为远景目标；四首制简单易行，可先行施工。四首制就是归并杨、永、复、义四大干渠，建立永固石闸：杨家河、黄济渠、乌拉河三渠合并，开挖一引水渠，建筑一个永久性石闸，叫第一闸；以永济渠为主，合并一引水渠在引水口上建第二石闸；丰济、复兴两渠引水口合并，建第三闸；义和、川惠、通济、长济、塔布渠诸渠口合并开一引水渠，建第四闸。[①] 四首制将河套各大干渠裁并为四个输水系统，以此来控制全灌区的引水和退水，是一种系统改善河套灌区的方案。根据四首制的方案，王文景为首的绥远省水利局采取措施，开始修建黄杨闸。绥远省水利局建立"绥西水利建筑委员会"，作为黄杨闸施工领导机构。黄杨闸工程于民国三十六年(1947年)开工，因资金短缺、技术设备落后等原因，到1949年秋天，在黄济渠杨家河两渠口附近高信信圪旦先后开挖了两个基坑后，被迫停工。虽然民国时期的黄杨闸工程被迫停工，但成为中华人民共和国成立后解放闸工程的起点。

河套灌区的近代水利开发，从渠道本身来说，经历了由八大干渠到十大干渠的演变过程。原来的八大干渠是塔布河、长胜渠、老郭渠、王同春渠、永和渠、中和渠、刚目河、缠金渠，大体于清末基本挖成，河套灌区初具规模。到了民国时期，刚目河(刚济渠)和永和渠(沙和渠)均被合并到大干渠，成为支渠，另外，又先后挖成黄济渠、杨家河、乌拉河和复兴渠。最后演变成的十大干渠是：塔布渠(塔布河)、长济渠(长胜渠)、通济渠(老郭渠)、义和渠(王同春渠)、复兴渠(沙和渠)、丰济渠(中和渠)、永济渠(缠金渠)、黄济渠、杨家河和乌拉河，至此，十大干渠基本上控制了全部河套的土地，可以说灌区基本形成了。[②]

---

① 陈耳东. 河套灌区水利简史[M]. 北京：水利水电出版社，1988：132-135.
② 陈耳东. 河套灌区水利简史[M]. 北京：水利水电出版社，1988：149.

第二章　杨家前期的水利实践

　　杨家是河套著名的水利世家，杨家河在河套久负盛名，杨家祖孙三代开挖杨家河的故事在河套广为流传，杨家前仆后继挖渠不止的精神已经成为河套精神的重要构成部分。杨家河是杨家水利事业和成就的代表，但是把杨家的水利贡献仅仅局限在杨家河是不全面的，只有研究杨家河开挖之前杨家的水利实践，才能完整地了解杨家，准确地评价杨家对河套水利及其他事业做出的贡献。杨家在河套的开渠水利实践，以杨家河开挖为界限分成前期和后期两个时期，前期是从杨满仓做渠工开始至杨满仓经营沙和渠、杨茂林经营永济渠的四十余年，后期主要指杨家开挖和经营杨家河的三十余年。杨家的成功是杨家几代人长期积累的结果，杨家前期的水利实践为杨家河的开挖奠定了技术、经验和资金等方面的基础，杨家河的开挖是杨家几代水利事业的顶峰。杨氏一门在开挖杨家河前经历了一个从渠工、渠头到小地商的过程，深入认识杨家必须从河套近代史上的渠工、渠头和地商开始。杨满仓是杨门事业的开创者和领导者，杨满仓从渠工到地商的人生经历是理解杨家成功的关键。杨茂林是开挖杨家河的中心人物，杨茂林及众兄弟在水利实践中逐渐成长，他们既继承父辈勤勉踏实的品质，又敢想敢干，在杨家河开挖之前已经是河套水利的新生代力量。

第一节　河套近代史上的渠工、渠头和地商

　　河套的开发，以晚清至民国年间为最重要时期。晚清至民国年间河套的开发，政府仅起辅助和补充作用，而以农民为主体的民间开发为主力。晚清河套的八大干渠——塔布渠（塔布河）、长济渠（长胜渠）、通济渠（老郭渠）、义和渠（王同春渠）、沙和渠（永和渠）、丰济渠（中和渠）、刚济渠（刚目河）、永济渠（缠金渠）都为农民所开。民国的十大干渠中，乌拉河是傅作义动用七百官兵修整的，复兴渠是傅作义动用万余军工所开的，而复兴渠的基础则是王同春所开的沙和渠。开发河套的农民大致上分为三个阶层，第一阶层是渠工，处于开发河套的底层；第二阶层是渠头，处于开发河套的中层；第三阶层是地商，处于开发河套的顶层。渠工是河套农田水利开发的主力军，河套的每一条干渠、支渠、子渠，无不是渠工一

锹一铲挖成。渠头是河套农田水利开发的骨干力量，河套主要干渠和支渠的开挖以及农业生产经营，都离不开渠头的管理作用。地商是河套农田水利开发的领导力量，河套水利的兴修和农田的开垦，都是在地商的组织、领导下进行的。渠工、渠头和地商各自分工又密切配合，共同在河套的舞台上演绎了历史大戏。渠工、渠头和地商既有共同点又有不同点。从共同点上看，渠工、渠头和地商本质上都是农民，不管他们在农民这个群体中的经济地位和社会地位差距如何，他们都是农民出身，都是依靠土地获得生产和生活资料，都生活在农村的广阔天地，都与土地生死相依。从不同点上看，他们处在河套社会的不同阶层，扮演着不同的社会角色，承担着不同的社会责任。而且，在一些特定的历史境遇下，高阶层因为掌握着水利和农田等生产资料，往往对社会形成实际控制，低阶层不得不依附于高阶层而谋生存。渠工、渠头和地商三者之间，低阶层通过努力可以向高阶层流动。渠工如果干得出色，得到地商的赏识，就会被地商提拔为渠头。渠头如果能积累足够的资本，就可以独立开挖支渠甚至干渠，从而成为地商。

一、河套近代史上的渠工

河套近代史就是一部走西口农民将河套由牧业区变为农业区的历史，而这一历史过程的枢纽和关键是水利的兴修。水利是河套农业的命脉，没有水利就不会产生河套的农业，河套的近代农业发轫于大规模的水利开发。在河套的近代史上，农民渠工是兴修水利的主力军。

从渠工的地域来源上看，绝大多数是来自山西、陕西、山东、河北、河南五省的走西口农民，尤其以山西和陕西两省为最。近代以来，中原地区的人口数量增加，使得人地矛盾难以调和。为了解决生存问题，不少农民到边疆地区谋取出路，有一部分中原农民向东北流动，有一部分中原农民向西北流动。向西北流动的中原农民，大多要经过山西的杀虎口进入河套地区，历史上称之为"走西口"。走西口进入河套地区的中原农民，有来做小生意的，有来种田的，有来逃灾的，有来避难的。到河套种田的走西口农民，他们春天来到河套，到地商的牛犋劳动谋生，叫作"跑青牛犋"，秋冬之际将粮食变换成现钱或者购买货物回到原住地，因为像大雁一样迁徙流动，又叫"雁行人"。这些走西口的农民成分复杂，其中既有一些老实忠厚者，也不乏一些在逃的案犯，总之都是因为生活所迫而不得不出外谋生的社会下层。晚清至民国时期地商是河套农田水利开发的组织者，这些农民中相当一部分人参加了地商组织的挖渠事业而成为渠工。参加开渠卖苦力的渠工大致分成两种，一种是逃荒的难民，另一种是为了开渠种地的农民。参加河套挖渠的渠工与地商是雇工与雇主的关系，即渠工出力，地商出资，渠工与地商各取所需。

逃荒难民参加挖渠事业是特定历史条件的产物，典型事例是沙和渠的开挖。光绪十七、十八两年（1891年、1892年），中国北方的山西、陕西、河北、察哈尔、绥远等地遭遇百年大旱，庄稼颗粒无收，百姓吃光了草根树皮。《萨拉齐厅》记载：广盛魁、明安川一带逃荒的难民饿死者纵横道路，政府下令挖掘大坑掩埋尸体，俗称"万人坑"。"光绪十八年，归绥道七厅级蒙旗大饥，赤地千里，死者枕藉，野无青草，有食人肉者。"这些地方因为不能引黄灌溉，百姓在灾害面前束手无策。"惟有后套一带，赖有水渠浇灌，人有积粮，无乏食逃亡者。"河套兴修水利而可以旱涝保丰收，家家存有积粮，因此成为灾民避难谋食之地。于是来避难的饥民携儿带女、背负肩挑，纷纷涌入河套，仅聚集在五原隆兴长的就有五万余人。这时王同春因为开挖了义和渠而家业振兴，粮食满仓，王同春怜悯灾民，就在"四大股庙"开仓赈灾，办厂施粥。王同春准备了百余口大锅向灾民放饭，先后赈粮三万余石，救了几万条性命。第二年春暖花开，这些农民有的返回原籍，有的留下来为王同春开挖沙和渠和义和渠东北大梢。[1] 开挖沙和渠的渠工主力就是这些逃难的农民。王同春采取以工代赈的方式，渠工为王同春挖渠，王同春提供给渠工食物和工钱。沙和渠施工期间，王同春的各牛犋给挖渠灾民运送干粮烙饼的牛车络绎不绝，灾民每挖十个坑子，能得到工银二钱。一个坑子是一丈见方一尺深。在这些渠工的辛勤劳作之下，沙和渠前后仅仅用了四年时间就全线贯通，修建了郝进桥、合少桥和郝头桥三座桥梁。[2] 沙和渠所经之地沙丘起伏蔓延，工程艰巨，能在四年之中完成这一工程，不能不说是渠工创造的一个奇迹。开挖沙和渠，王同春与众渠工各取所需、各有所得，王同春得到了充足的廉价劳动力，解决了施工问题，众渠工得到了粮食和工银，解决了吃饭问题。如果没有渠工与王同春的配合，就不可能挖成沙和渠，或者沙和渠的挖成不会如此顺利。

　　参加河套各大干渠的渠工，既有逃荒的灾民，也有打算长久待下去的农民。杨家河的开挖中就是这种情况。杨家河的渠工既有出于赚取生活费补贴家用之目的的农民，又有逃荒的农民。杨家河开挖之际，军阀混战，民不聊生，许多地方的农民少吃缺穿，不得温饱，要求养家糊口的无业人员到处可见。[3] 民国六年（1917 年）杨家河开挖，渠工主要来自晋、陕地区的河曲、保德、偏关、府谷、神木等县的走西口农民，还有冀、鲁、豫等省逃来的难民。参加杨家河开挖的渠工被编成班，每天出十二班，最多四十班，每班二十至三十人。挖渠以土方计工付酬，当渠挖至乌兰淖尔及南红柳地（今头道桥乡民丰大队）时，已经耗资数万两白银。[4] 至今当地百姓仍广泛流传杨家以笸箩盛银圆来支付渠工工资。杨家为解决开渠资金，就与陕坝天主教堂商洽求援，结果只得按照教堂提出的苛刻条件，将教

① 王建平. 河套文化·水利与垦殖卷[M]. 呼和浩特：内蒙古人民出版社，2008：95-96.

② 苏希贤，武英士. 王同春[Z]//中国人民政治协商会议内蒙古自治区委员会文史资料委员. 巴彦淖尔盟文史资料：第 5 辑，1985：15-16.

③ 张启高. 杨家河与杨家[Z]//杭锦后旗政协文史资料编委会. 杭锦后旗文史资料选编：第 5 辑，1990：98.

④ 《巴彦淖尔盟志》编纂委员会. 巴彦淖尔盟志[M]. 呼和浩特：内蒙古人民出版社，1997：171.

堂得利由百分之三十提高到百分之五十，以达成协议取得贷款。不得已情况下，杨家向武三、郝成、傅骆来、刘高保等大户借钱借物，并转手购进烟、茶、布匹等货物，提高价格支付渠工工资，另以缓付的办法继续开渠。但到民国八年（1919年）挖渠工资难以支付，杨家债台高筑。[①] 此时渠工纷纷登门催要工钱，甚至抢夺杨家饭碗，杨家人连一顿好饭都吃不上。[②] 杨家因无力支付，即想出杨春林诈死的计策，并假设灵棚，以作缓兵之计。杨茂林向蒙古王爷借来一千匹马，作为工资支付，安抚等着拿钱回家过年的渠工，当地至今流传"河南侉侉，来时背个衩衩，回时骑个马马"的佳话。此后两年杨茂林力挽狂澜，千方百计增加收入，改善工人生活，施工局面暂时稳定下来。[③] 杨家河干渠计生工一百一十万立方，每一方土无不是渠工的血汗，在肯定杨家出资组织开挖杨家河的同时，不能忽视渠工做出的贡献。

渠工与渠的关系有两种，一种是没有归属关系，一种是有归属关系。在河套的大干渠和支渠的开挖中，渠工受雇于地商赚取工钱，渠挖成后就是地商的私有财产，与渠没有归属关系。有的渠工本身是花户，即靠租种地商的土地的佃农，他们为了能让土地得到灌溉，自己集资开挖一些小支渠和子渠。因为花户的经济实力有限，为了节约成本，渠工的全部或者相当一部分可能是由出资者自己承担。在《绥远通志稿》中可以看到河套的各大干渠的支渠中有很多是由花户集资开挖而成的。由渠工自己出资、出力挖成的渠其归属权当然属于渠工。渠工的去向有三种情况，一种是返回原籍，一种是留在河套种田，一种是成为渠头。返回原籍者是那些解决了一时之需而又不愿意留在河套的农民。留在河套种田者就是租种地商或者二级地商土地的佃户，或者叫作花户。这些花户有一部分慢慢成为河套的常住居民，有一部分继续充当雁行人春来冬归。据五原县退休干部李茂林回忆，他的祖父就是在光绪十八年从陕西府谷逃荒来河套，在四大股庙吃救灾饭后，受雇于王同春当渠工，之后租种王同春厂汉淖尔的土地，就开始在河套定居下来。[④] 成为渠头的是渠工中的佼佼者，他们在挖渠的实践中脱颖而出，又愿意在河套安家立业，于是被地商从众人中选拔出来委以重任。

二、河套近代史上的渠头

河套水利建设的出资者和组织者是经济实力雄厚的地商，河套大小渠道是渠工的苦力开成，地商和渠工处于河套开发的两极，而中间力量则是渠头。渠头是

---

① 《巴彦淖尔盟志》编纂委员会. 巴彦淖尔盟志[M]. 呼和浩特：内蒙古人民出版社，1997：171.

② 邱换口述，2015年8月。邱换，1935年生，农民。

③ 陈耳东. 如何看待杨家河的历史定位[C]//王建平. 河套文化论文集（四）. 呼和浩特：内蒙古人民出版社，2006：250.

④ 苏希贤. 清末民初河套的水利家——王同春[Z]//中国人民政治协商会议巴彦淖尔盟委员会文史资料委员会. 巴彦淖尔盟文史资料：第15辑 河套水利，1995：4.

水利工程施工中的技术人员和管理人员，同时又是地商公中和牛犋的管理阶层。在科技和生产力落后的近代河套，渠头在农田水利建设中发挥着极为关键的作用。

首先，研究水利工程中的渠头。河套大干渠和支渠的组织者是大地商，这些地商需要一批开渠的技术骨干和管理人员来为其效劳。河套大干渠和大支渠的开挖与修浚，动辄需要成百上千甚至成千上万的渠工，在施工过程中遇到的各种问题，需要有经验的技术人员来指导；如此浩大的工程一个或几个地商是无力组织和管理的，也需要一个中间管理层。渠头集技术员与管理者两种角色于一身，首要的是技术精湛，只有技术高才能服人，才能管人。河套近代的渠头留下姓名的并不多，所以我们不得不以一些从渠头甚至渠工上升为地商的人为个案。王同春曾经是一个优秀的渠头。王同春最早成为渠头是在同治八年（1869 年），他担任万德元短辫子渠工程的渠头，利用上流旧河筒子短辫子壕，因势利导，引水灌溉。[①]这可以说是王同春初试牛刀。同治十二年（1873 年）短辫子渠淤塞，"四大股"组织重新疏浚，王同春没有资本，就以工资和施工技术作为投资的股份[②]，实际上是负责施工技术的渠头。短辫子渠本来是一条天然河流，"当时河套所能耕种之地，皆赖天然河流溢出之水；又恐黄河水涨淹没青苗，皆筑坝拒水，不令漫入，自此以为最妙之策，而未尝注意及开渠事也……即间有开渠者，亦不过为退地内存水，引而仍归入河壕耳……时四大股亦组织完成，将淤废之短辫子河，另自黄河寻口开渠引接壕内，而自黄河寻口开渠者，乃王同春始也。"[③]王同春废弃短辫子渠的旧河口，另外从黄河挖开新渠口，挖掘新渠，接通短辫子渠下游，并把下游渠道劈宽挖深，利用水力冲刷拉通，保持一定的坡度，以使水流通畅。王同春指导下挖成的新渠长三十里，宽六尺，深六尺，不但已经开垦的耕地可以浇水，而且尚未开垦的土地也可以引挖支渠得以灌溉。这条渠初称"四大股渠"，后被称为"老郭渠"。[④] 在王同春之前，河套的土地浇灌的水都来自黄河的天然支流，王同春是河套第一个直接从黄河开口引水的水利工程师。王同春把水利经验和技术传授给那些悉心钻研水利的渠工，培养起一批渠头，他们在河套的水利事业中发挥了重要的作用。

《巴彦淖尔文史资料》第 7 辑有一段文字："惟当同春先生开渠之时，更有若干无名英雄相继协助，其中多为当地商人或小地主，如韩越、贺清、杨满仓等人，

① 苏希贤，武英士．王同春［Z］//中国人民政治协商会议内蒙古自治区委员会文史资料委员．巴彦淖尔盟文史资料：第 5 辑，1985：6.

② 苏希贤．清末民初河套的水利家——王同春［Z］//中国人民政治协商会议巴彦淖尔盟委员会文史资料委员会．巴彦淖尔盟文史资料：第 15 辑 河套水利，1995：20.

③ 王喆．后套渠道之开浚沿革［Z］//中国人民政治协商会议内蒙古自治区委员会文史资料研究委员会．内蒙古文史资料：第 36 辑 王同春与河套水利．呼和浩特：内蒙古文史书店，1989：159.

④ 苏希贤．清末民初河套的水利家——王同春［Z］//中国人民政治协商会议巴彦淖尔盟委员会文史资料委员会．巴彦淖尔盟文史资料：第 15 辑 河套水利，1995：20.

先后开成者有丰济、沙和、义和、新灶公、刚济等渠。"①这里提到了协助王同春开渠的韩越、贺清、杨满仓，贺清是早于王同春的小地商，韩越和杨满仓是与王同春同时的小地商和渠头。贺清在咸丰年间开挖刚目河，光绪二十三年（1897年）王同春重新修浚刚目河②，这段文字将贺清与王同春放在一起是有误的，但是韩越和杨满仓确实是王同春的渠头。《巴彦淖尔文史资料》第5辑记载："在开挖刚济渠的施工中期，光绪二十五年（1899年），王同春又从事开挖丰济渠的事业。该渠自黄芥壕开口，第一期工程经马场地开至天吉泰桥，长二十多里。后又同韩钺、王在林自天吉泰北开至忙盖图，长二十多里，继与官二自忙盖图北开至五分子，长十多里，复将旧日的协成渠劈宽，向北开挖正梢，通入乌加河，前后施工八年之久竣工。"③韩钺、王在林、官二三人是协助王同春开挖丰济渠的小地商和渠工头，"韩钺"与前段文字的"韩越"同出一个时期，同是王同春的渠头，应是同一人。这两则史料提到韩越、杨满仓、王在林、官二四人，他们协助王同春开挖沙和渠和丰济渠，成就了王同春水利大家的美名。如果不是杨满仓后来独立开挖了一条杨家河，杨满仓的名字也会被历史的面纱所掩盖。虽然是杨家河的开挖成就了杨满仓的名气，但是我们不能忘记杨家河开挖之前杨满仓为河套水利事业做出的贡献，同样也不能忘记千百个像杨满仓一样当过渠头的人。

杨满仓是王同春开挖沙和渠的渠头，杨家在开挖杨家河的过程中也任用和培养了一些渠头，其中著名的有八个渠头，目前能知道名字的有杨孟保、段六八、乔富头儿、快马张三、贾八宝五位。④贾八宝可能是杨家河开挖时最主要的渠头，杨家在挖杨家河时曾因资金困难而向其借款。在杨家河挖成之后，贾八宝是杨家最倚重的管理者。杨家河渠水利公社成立，杨铎林任水利公社的经理，而具体管理杨家河灌区的大小渠道和修渠工的可能是贾八宝。这就不难理解1939年杨家河收归公有之后，贾八宝接替杨铎林就任杨家河渠水利公社经理一职。杨孟保长期在杨家当渠工和渠头，中华人民共和国成立后为河套水利事业做出了贡献。杨孟保是陕西省府谷县人，十二岁时随父迁到达拉特旗小脑儿村居住，二十岁前一直靠打短工、扛长工为生，后定居在杭锦后旗四支公社。他二十岁时开始在杨家河当渠工，民国十五年至二十年（1926—1931年）在杨家河当渠头，分管杨家河支渠三淖河。民国二十一年至二十八年（1932—1939年）仍在杨家河当渠头，并任杨家河支渠蛮会渠委员会副主任。杨家河收归公有至中华人民共和国成立前，他仍然管理杨

① 阎树楠．河套水利之滥觞［Z］//中国人民政治协商会议巴彦淖尔盟委员会文史资料委员会．巴彦淖尔盟文史资料，1986.

② 苏希贤，武英士．王同春［Z］//中国人民政治协商会议内蒙古自治区委员会文史资料委员．巴彦淖尔盟文史资料：第5辑，1985：16.

③ 苏希贤，武英士．王同春［Z］//中国人民政治协商会议内蒙古自治区委员会文史资料委员．巴彦淖尔盟文史资料：第5辑，1985：16-17.

④ 杨世华口述，2015年8月。杨世华，1952年生，杨满仓玄孙、杨文林曾孙、杨孝之孙，个体户。杨

家河。1950 年秋，修建河套灌区黄河防洪堤时，杨孟保参加了黄河防洪堤护岸工作，为防洪工作解决了堵决口的难题。1951 年杨孟保担任护岸工程队队长。1952 年杨孟保到黄杨闸工程处当埽工队长。1958 年杨孟保到三盛公黄河工程局当围堰工人副队长。1962 年杨孟保调到黄河灌区工程管理局工作。1962 年至 1965 年，他曾任三盛公水利枢纽工程养护队副队长。[①] 杨孟保凭借在杨家河多年的渠工和渠头经历，以其丰富的经验，在黄河防洪、黄杨闸修建、三盛公水利枢纽工程中发挥过应有的作用。可见，河套渠头的经验和技术是河套水利事业的宝贵财富。

其次，研究水利工程结束后担任公中和牛犋管理者的渠头。河套的干渠和支渠挖成之后，河套的土地有水可浇，但是渠地矛盾并没有完全解决，渠道仍有可能淤塞和决口，仍然需要管理和修浚，地商和佃农仍然离不开渠头丰富的经验和技术，佃户的农业社会也需要管理者维持社会秩序。河套的渠道开成之后，地商沿渠设立公中和牛犋，招揽农民进行垦殖。关于牛犋和公中，民国时曲直生的解释是：两头牛为一牛犋。华北耕地的习惯，播种时虽常用一头牲畜，但农田的工作，如犁地、耙地，普通都是两头牲畜拖，一犋牲口就是两头的意思，一牛犋就是两头牛。这个名词，也可以引申为庄子。不过河套的庄子同内地不同，一个庄子不过两三家或只一家。牛犋的意思，似指在田场内临时的房舍，当初不过一家。在河套地图上，常发现"某家疙瘩"，即某家在那里开垦而成立的庄子。"公中"则是管理渠道的组织，一个公中可以统辖几个牛犋。这些名词都与开垦水利有关。在公中内有所谓"跑渠"的，是稽查水道收水费的，这些人受渠主的指导，又是打手。[②] 曲直生这一段文字有几点值得注意：

一是比较清楚地解释了什么是牛犋和公中。牛犋就是坐落在渠道沿边佃农居住的村庄，公中就是渠道的管理组织，统辖若干个牛犋。当代人杜亚松关于王同春所设公中的说明是：王同春掌握了大片土地，招徕河北、山东、河南、山西、陕北各地的农民到河套租种耕地。河套每增加一块租地，就要新添一个"圪旦"或"圪卜"等新村落。为王同春管理土地的"公中"，著名的就有二十来个，如同兴泉、同兴东、同兴成、同兴公、东牛犋、南牛犋、西牛犋，其他如"和硕公中"等还有很多。[③] 这里由走西口农民建立的"圪旦"或"圪卜"等新村落，就是坐落在渠道沿边的牛犋，而管理这些村庄和牛犋的就是渠道管理组织"公中"。同兴泉、同兴东、同兴成、同兴公、东牛犋、南牛犋、西牛犋等都是王同春的渠道管理组织"公中"，

① 内蒙古河套灌区解放闸灌域管理局．内蒙古河套灌区解放闸灌域水利志[M]．呼和浩特：内蒙古地矿印刷厂，2002：374．

② 曲直生．介绍三篇关于王同春的文字附记（二）[Z]//中国人民政治协商会议内蒙古自治区委员会文史资料研究委员会．巴彦淖尔盟文史资料：第 36 辑　王同春与河套水利，1995，原载《禹贡》（半月刊），1935，4(7)：130．

③ 杜亚松．王同春事略[Z]//中国人民政治协商会议内蒙古自治区委员会文史资料研究委员会．内蒙古文史资料：第 36 辑　王同春与河套水利[M]．呼和浩特：内蒙古文史书店，1989：27．

虽然东牛犋、南牛犋和西牛犋称呼上是"牛犋"，其实是有别于佃农居住的非渠道管理组织的"牛犋"即村庄的。苏希贤则说，王同春的渠地广布五原、临河、安北、达拉特旗、杭锦旗各旗县，为了便于耕种，组织了二十八个公中，另外建立了七十多个牛犋。各公中、牛犋每年雇佣长短工千余人，为他种地的佃户有几万人。^①从王同春的公中和牛犋数量来看，牛犋数量大约是公中数量的三倍，一个公中统辖数个牛犋是没有问题的。

二是明确地指出渠头为渠道管理组织即公中的管理者。"跑渠"的即渠头，其主要职责是管理渠道、收缴水费和奉地商之命维持垦区的社会秩序。管理渠道和收缴水费较好理解，渠道需要管理、维护和修浚，租种地商的土地要向地商缴纳水租，这些都需要专人来负责。奉地商之命维持垦区社会秩序怎么理解？所谓的"打手"又怎么理解？这必须从清末民初河套的社会状况来解释。清末民初，地处边疆的河套，军阀割据，土匪成群，政府的力量又非常有限，整个社会秩序要依靠地商来维持。在走西口的移民之中不乏亡命和逞强斗狠之徒，租地的佃户与佃户之间也难免发生矛盾和纠纷，在政府缺位的情况下，地商不得不采取一些强硬的手段和措施来维护社会秩序。地商让渠头来承担管理渠道、收缴水费和维持社会秩序的职能的原因在于，一是渠头的水利经验和技术是农民种田所离不开的，渠道畅通佃户才能丰收，佃户丰收地商才能得利；二是地商为回报开渠阶段渠头的辛勤劳动和艰苦付出，让渠头继续充当公中的管理阶层，以满足他们的物质需要。渠头管理渠道也分为两种情况。一种是渠头受雇于地商来管理公中和牛犋，相当于今天的职业经理人。例如杨家在杨家河开成之后，选择所有土地中的好地自己耕种，在这些土地上设立牛犋，每个牛犋又都雇有管家为其理事。这些牛犋大小不等，有耕种土地二十顷左右的，也有耕地三十余顷的，这样的牛犋有八九个。杨家对这些牛犋不经常巡视，不常来往，主要靠管家头儿们经营。^②由于历史的渊源，这些为地商管理渠道和牛犋的管家、管家头儿，一般是由开挖杨家河时的渠头来充当。当然，充任职业管理人的渠头也可以承包地商的小部分土地。有的渠头成为租种地商土地的佃户或者花户，这些渠头不同于一般佃户或者花户，因为得到地商的青睐，所以获得了包租公中或者牛犋中较多土地的特殊待遇，包租的土地面积在几百亩以上；有的再把自己包租的土地转租给一般佃户，自己就成为二级地商。例如杨满仓在沙和渠挖成之后就包租了王同春的几百亩土地。这些渠头既是地商的渠道管理者，又是地商渠地上较大的承包者。

综上所述，渠头是地商开渠和经营农业不可或缺的阶层。在开渠阶段，渠头凭借高超的水利技术和经验，成为河套兴修水利的骨干力量；在干渠或支渠挖成

① 苏希贤. 清末民初河套的水利家——王同春[Z]//中国人民政治协商会议巴彦淖尔盟委员会文史资料委员会. 巴彦淖尔盟文史资料：第15辑 河套水利，1995：27.

② 张启高. 杨家河与杨家[Z]//杭锦后旗政协文史资料编委会. 杭锦后旗文史资料选编：第5辑，1990：10.

之后，开渠时的渠头或者继续受雇于地商为其管理渠道和农庄，或者包租地商的土地而成为二级地商。无论是开渠阶段还是渠成灌溉阶段，渠头都一头牵着地商，一头牵着农民，并与二者共同完成河套的农田水利开发阶段的历史任务。

三、河套近代史上的地商

河套近代的水利开发，既有千千万万底层渠工的功劳，也有成百上千中层渠头的功劳，同时也不能忘记地商顶层设计的功劳。地商处于近代河套农民的顶层，是河套农田水利建设的组织者。对于地商的性质，人们目前还存在不同认识。张植华认为，地商是封建商业高利贷资本与土地相结合，以修渠灌地、收粮顶租、贩卖粮食谋取高额利润的商人。[1] 他进一步指出地商不是地主，而是经营管理农田水利、进行资本主义商品性农业生产的新式资产阶级农场主，尽管这种资本主义商品性农业生产中还有浓厚的封建因素。[2] 李茹认为，地商不是地主，因为他们没有土地所有权；地商也不是资产阶级农场主，他们的经营以出租土地、收取地租为主，他们雇佣的短工并不是农业工人。地商从事的是一种地主式的农业经营，但他们不是地主，而是一种特殊的商人——地主式的商人。[3] 以上说法把地商的性质基本认定为特殊的商人。其实也可以把地商认定为特殊的地主，即没有土地所有权而只有土地经营权的地主。事实上，从晚清至民国地商身份的最终转化来看，地商最终转化为地主而没有转化为商人，说明地商与地主在天然联系和属性上更为相近。近代以来的河套社会，虽然具有了某些殖民地化的色彩，但因为位于偏僻的西部民族地区，封建生产关系呈现逐渐扩张的趋势，地商经济则是从游牧经济向农业经济的过渡，其封建性质要超过资本主义性质。地商是在河套特定历史地理环境下产生的特殊地主，因为没有土地的所有权，只好采取商业的形式获取土地的经营权，然后采用地主的经营方式来获取利润。因为河套地区的近代化，重要内容之一是从游牧社会向农业社会转变，而且转变的过程持续了百年左右，实际上鸦片战争之前内地的生产方式在河套地区又延续了百年。如果以中国传统社会士、农、工、商四民的划分来归类，地商应该归入"农"的范畴，即广义上的农民。下面从河套地商的产生、特点及作用三个方面来进行研究。

（一）河套地商的产生

地商的产生包括地商的出现、发展以及构成三项内容。地商一词，在清代官方文件中最早见于贻谷的奏折。光绪二十八年（1902年）三月二十九日贻谷在奏折中说："蒙旗垦务事关重大，头绪繁多。凡联络蒙部，安辑地商及一切招垦、清

---

① 张植华. 略论河套地商[Z]//刘海源. 内蒙古垦务研究. 呼和浩特：内蒙古人民出版社，1990：81.

② 张植华. 略论河套地商[Z]//刘海源. 内蒙古垦务研究. 呼和浩特：内蒙古人民出版社，1990：97.

③ 李茹. 河套地商与河套地区的开发[D]. 呼和浩特：内蒙古大学，2004：26.

丈、勘界各事，在在均关紧要"①；同年八月七日贻谷的奏折说：河套垦地"向来私放私开，从未能行官垦，以致蒙员贿赂，**授柄地商，地商包揽……**"②地商一词在清末贻谷主持放垦之际在官方文件中出现，所反映的历史状况是地商在河套社会经济中已经发挥着重要作用。河套地商主要起源于旅蒙商人。清朝在蒙旗做蒙古生意的汉族商人史称旅蒙商人，旅蒙商人深入蒙旗始于康熙年间对准格尔部平叛期间。据史籍，康熙率军亲征噶尔丹进入内蒙古草原时，一批山西、河北负商小贩肩挑车推随军出入，做随军生意，并且学说蒙语，熟悉蒙地习俗。清军统帅费扬古驻防杀虎口时，大盛魁创始人来蒙旗为清军采购粮食牛羊。康熙帝第三次亲征准格尔部时，河套地区是大军西征孔道，栅寨相望，随军贸易十分兴旺，统辖军需运输和随军贸易的是山西大商人范氏。范氏组织管理大批商贩和民间运输力量，出色完成军队后勤供给任务，受到清朝的赞赏，从而使旅蒙商人获得清廷信任，发给他们"龙票"即在蒙古地区专营商业特权的经商票照。从此以后，以山西商人为主体的旅蒙商人足迹遍及内蒙古西部和蒙古。当时还是集体小商伙的大盛魁在随军征讨噶尔丹后，以乌里雅苏台为基地逐步发展成垄断蒙古市场的大商号。来河套的旅蒙商人以晋、陕人为多。他们除向蒙旗赊卖茶叶、烟酒、布帛等蒙民日常生活品外，还由于河套是内外蒙古的通道，粮食需求量大，利润丰厚，一些商人就在黄河支流缠金河附近设立分号，就地收购"雁行"农民的粮食，转售给外蒙和鄂尔多斯各蒙旗。有的商号直接贿赂蒙旗上层，包租大片土地，转手高价租给农民，以粮食顶替地租，这部分商业资本转向土地投资，这些旅蒙商人就转化为地商。初期出现的地商，不是真正含义的地商，虽然也开始了地与商的结合，但仍以经商为主，兼营土地出租。③ 地商产生之初，经营土地只是其商业的一部分或者补充，"商"的性质比较多，"地"的性质比较少。清康乾时期是地商的肇始阶段，这一阶段地商具有明显的商人"胎记"，经营土地还不是其主要获利方式，也没有正式投资开挖渠道，还不是严格意义上的地商。清道光以后，随着河套水利开发和农田开垦，地商逐渐转向主要经营土地，商业反而成了补充，地商演变为一种特殊地主，也就是严格意义上的地商。

　　清朝中叶至民国时期的地商，其发展可以分成三个阶段。第一阶段是在清道咸年间，第二阶段是在清同光时期，第三阶段是在民国初期。地商在历史舞台上一展身手的是在道光、咸丰年间，其代表人物是甄玉、魏羊。道光五年（1825年），在缠金地开设永盛兴、锦永和商号的甄玉、魏羊，资助达旗王爷诉讼成功，王爷

---

　　① 内蒙古自治区档案馆. 清末内蒙古垦务档案汇编[M]. 呼和浩特：内蒙古人民出版社，1999。转引自陶继波. 晚清河套地商研究[J]. 内蒙古社会科学，2005，26(6)：61-65.

　　② 内蒙古自治区档案馆. 钦差垦务大臣：全宗第4卷. 转引自张植华. 略论河套地商[M]//刘海源. 内蒙古垦务研究[M]. 呼和浩特：内蒙古人民出版社，1990：81.

　　③ 张植华. 略论河套地商[Z]//刘海源. 内蒙古垦务研究[M]. 呼和浩特：内蒙古人民出版社，1990：84-85.

无力偿还借贷，便以缠金地做抵押。甄玉、魏羊遂在缠金地开挖了长十五里的缠金渠。缠金渠是河套地区最早的农田水利工程，对河套农田水利建设起了推动作用。之后聚集在缠金地的商号达到四十八家，为了解决缠金渠水量不敷使用的问题，由四十八家共同出资接挖扩修缠金渠，使得缠金渠的灌域达到三四千顷。咸丰元年(1851年)地商集资开挖合少公中渠，长四十里，宽二丈，深五尺，支渠十五道，浇地三百余顷。^①咸丰年间地商贺清开挖刚济渠，从黄河开口，长一百三十里，支渠二十道，灌田千余顷。缠金渠和刚济渠之后成为晚清八大干渠。

清同光时期是地商的黄金时期。清季河套地区共有大小干渠五十六条，除缠金、刚济两大干渠修建于道光、咸丰年间外，其余五十四条(包括八大干渠的其他六条干渠)都是同治三年(1864年)至光绪三十年(1904年)四十年间修建的。在这五十四条大小干渠中，明确记有修渠人姓名的共有四十五条，而且全是地商。另据档案，清末贻谷在办垦期间一度将河套渠道收归官有，在发给地商开渠费的名单上，除载有前面所提四十五条大小干渠修渠人姓名外，还有十四名地商姓名，不见于其他史料。^②在晚清地商之中，最突出的是王同春，他独力开挖义和渠、沙和渠、丰济渠三大干渠，为河套水利做出了突出贡献。

民国初期是河套地商的收尾阶段。有观点认为，清末贻谷将八大干渠收归公有之后，地商逐步演变为大大小小的地主，地商作为河套特殊环境下的产物，就此退出了河套历史舞台。^③有观点认为："地商的存在时间只有几十年，到光绪末年渠地收归官有之后，地商即已基本停止活动，失去原有的积极作用。"^④这些观点把地商发展的收尾阶段放在清末，而没有看到民国时期地商重返河套水利的事实与贡献。地商在民国时期的河套历史舞台上再次掀起了一次水利建设的高潮，其中突出成就是杨满仓与杨米仓家族历时十年开成的杨家河。杨家河长一百六十余里，灌溉土地两千顷，因此渠的开挖，杭盖地遂成为河套精华之区。

河套地商的构成十分复杂，大部分河套地商是由在河套地区进行商业活动的旅蒙商人发展而来的。早期的地商更是如此，开发缠金渠的甄玉、魏羊便是此类地商的典型代表。但也有少数人通过其他途径成为地商。一类是军人，主要是同治时期清军镇压西北回民起义后，途经河套时所留下的一些编余人员。这些人在军中有一定的积蓄，就在河套安家落户。他们中的一些人后来转化为地商，如开挖老郭渠的郭有元和与王同春斗水的陈锦春。一类是具有开渠治水技术经过辛勤劳作发家而转化为地商的贫苦农民。此类地商人数虽然极少，但贡献最大。^⑤这三类人可以归为两类，一类是有一定经济基础的商人出身，一类是经济基础比较薄

---

① 绥远通志馆．绥远通志稿：卷四十(上)：水利[M]．呼和浩特：内蒙古人民出版社，2007：760.

② 张植华．略论河套地商[M]//刘海源．内蒙古垦务研究．呼和浩特：内蒙古人民出版社，1990：89.

③ 陶继波．晚清河套地商研究[J]．内蒙古社会科学(汉文版)，2005(6)：66-70.

④ 陈耳东．河套灌区水利简史[M]．北京：水利水电出版社，1988：63.

⑤ 陶继波．晚清河套地商研究[J]．内蒙古社会科学(汉文版)，2005(6)：66-70.

弱的农民出身。道咸年间开渠的地商大多是商人出身，同光之后的地商则以农民为主导。王同春是河套地商的分界线，在他之前，开渠主要是将原有天然河流加以修浚，治水技术在开渠中起的作用有限，有一定经济基础的商人就可以投资开渠而成为地商；自他开始，河套干渠从黄河直接引水，治水技术在开渠中起着关键作用，更多拥有技术的农民转变为地商。农民出身的王同春比之商业起家的地商，经历过更多的实践锻炼，同时从农民的角度研究开渠与种田，终成为一个集农民、地商及水利专家于一身的历史人物。王同春开渠规模大、持续时间长，在其开渠治水过程中又影响和培育了一批掌握技术的渠工和渠头，共同汇成了河套农民开发水利的洪流。同光以至民国，农民或者说"地商化"了的农民，就构成河套水利开发中成就最大的群体。开渠活动主要由晚清的王同春和民国的杨满仓与杨米仓家族开展，他们是这一群体的典型代表。

（二）河套地商的特点

地商的特点主要指地商经济的特点。地商经济的主要特点是"包租蒙地而散租于民人"，即通过向蒙旗王公放高利贷等途径，获取蒙旗土地的经营使用权，再转租给个体农民，获取高额利润，然后继续投资，大兴水利，广开土地，积蓄势力。① 可以从地商承包土地、地商开渠以及地商经营方式三个方面来讨论地商经济。河套地商是一种通过包租蒙旗土地而获得土地经营权的特殊地主，这是河套特定的历史条件决定的。在清末放垦之前，河套的土地归属蒙旗，河套的渠与地有着生死相依的关系，"下黄河，惟富一套，故套地乃依河为生命。每年秋际，如得河水灌溉，次年即望丰收；否则，与石田等耳"②。蒙旗有地无渠，地不能灌溉等于无地；农民可以开渠，没有土地等于空话。这样汉族人与蒙旗私下达成协议，汉族人包租蒙旗土地，缴纳一定地租，就可以开渠种地。为了获取土地开发权，地商往往动用大量资金在蒙古上层活动，由于地商可以一次性提供大量地租，蒙旗王公也乐意将土地租给他们。地商通过社会关系网络，从蒙旗王公及召庙喇嘛手中租得土地，永济渠之缠金地是甄玉、魏羊从达旗王爷那里获得的酬谢，义和渠之地是王同春从达旗沙花庙喇嘛承租的荒地，沙和渠之地是王同春从达旗王爷租得，杨家河之地是杨家从杭锦旗王爷包租，其他大小各渠大多是地商与蒙旗订立合同获取承包权。包租土地数量之多少，全凭地商的实力，有的多至万顷，如王同春所包之地就有万顷以上。包租蒙地的期限，一般以二十年为期或者更长，王同春与蒙旗的租地合同长达一万年，相当于永租了。一般蒙旗不会对地商随意夺佃，地商也需要类似永佃的基础才敢投入巨资，修筑有长远意义的灌溉工程。地商与蒙旗之间这种比较稳定的土地关系，促进了河套水利的长期和快速发展。

---

① 陶继波. 晚清河套地商研究[J]. 内蒙古社会科学（汉文版），2005(6)：66-70.
② 崔济猛，梁仁南. 理想之新绥远[Z]//马大正. 民国文献资料丛编·民国边政史料续编：第23册. 北京：国家图书馆出版社，2010：560.

获取土地的经营权之后，地商就开始开渠。"河套之中，惟杭锦、达拉两旗，兼跨黄河处处依河为命。自河南徙之后，地愈广衍，山陕人民，争趋佃种，是以地为私垦，渠亦私开。凡到河套种地者，甫经得地，先议开渠。支渠派分，各私所有。往往一渠之成，时或需至数十年，款或縻至十余万，父子相代，亲友共营。而已成之渠，又必时有岁修，需款浩繁，所谓经营水利，良非易也。"①水利是河套农业的命脉，开渠与修渠是地商获利的前提。河套地商所从事的开渠与修渠活动，无不是竭尽全力，甚至是举全家或者举全族之力进行的。王同春以水利为毕生追求，郭氏父子开挖老郭渠，侯氏叔侄开挖长胜渠，杨氏一门开挖杨家河，这些都是河套水利上的佳话。晚清形成的河套八大干渠，无一不是地商所开，民国年间定型的十大干渠，地商的贡献占十之八九。

地商开渠成功后，就面临如何经营的问题。地商采取两种经营方式，一种是设立公中和牛犋，雇工直接经营；另一种是将大片土地转包给其他农户垦种收租。公中和牛犋是地商的土地和渠道管理组织，负责农业生产和渠道管理。缠金地在道咸之际形成的四十八家商号同时是四十八个牛犋，王同春拥有二十八个公中和七十多个牛犋，德和泉拥有十几个牛犋，杨氏家族也拥有十个左右牛犋。王同春的公中和牛犋每年雇佣的长短工数以千计，其伙房的大炕能睡百人。地商的大量土地主要是租佃给走西口的"雁行"农民，获取高额利润。《五原厅志略》记载：地商"浚渠修堰，引河水以灌溉……浇足以后，定价招租。每岁于春苗出土时，派人丈量，视苗嫁之优劣，定折扣之等差。秋收后，佃户纳租于地商，每顷二三十两不等，是谓放租。又有佃户出资耕种，地商三分其岁所入之粮者，谓之伴种。水田一亩之入，可抵关内山田十亩，地商久居其处，租地经营，佃户则春出秋归，则地而租，谓之跑青牛"②。地商包租蒙旗的租银一般在每顷五至八两白银，花户承佃则每顷二三十两，获利相当丰厚。地商将承包的大量土地出租给农民，积累起巨大的财富。以王同春为例，他在鼎盛之际，佃户有几万人，每年收粮二十三万余石，收地租银十七万余两。

(三)河套地商的作用

晚清至民国河套的开发进程中，地商起了巨大的作用。③ 第一，地商是清代以来河套地区农田水利建设的主要发起人与建设者。从甄玉、魏羊开挖缠金渠开始，地商就成为河套水利灌溉建设的主要组织者和出资者。之后，贺清开挖刚目渠，侯氏叔侄开挖长济渠，郭氏父子开挖老郭渠，王同春开挖义和、沙和、丰济三渠，

　　① 周晋熙. 绥远河套治要[Z]//沈云龙. 中国近代史料丛刊三编：第89辑. 台北：台湾文海出版社，2000：36-37.
　　② 巴彦淖尔市地方志办公室. 五原厅志略[M]. 海拉尔：内蒙古文化出版社，2010：66.
　　③ 关于地商的作用，主要参考《晚清河套地商研究》一文。陶继波. 晚清河套地商研究[J]. 内蒙古社会科学，2005，26(6)：61-65.

杨氏一门开挖杨家河，在没有政府支持的情况下，全靠地商"父子相代，亲友共营"，创造了中国水利史上的奇迹。第二，地商对河套地区的土地开垦以及移民的到来起了极大的促进作用。河套的土地都依赖水渠为命脉，渠之所至，即地之所至。河套的一道道干渠使一片片土地得到浇灌，荒原因之成为沃野。一批又一批走西口农民，满怀希望，扶老携幼，接踵而至，其中有一部分逐渐定居下来，其后代在河套繁衍生息，直至今天。第三，地商的私人武装与法规在一定程度上维护了社会治安。河套的地商一般都拥有自己的私人武装，这些私人武装在局势复杂而动荡的河套地区，不但起到了保卫地商自身的作用，同时也承担着维护公共秩序和社会安全的作用。第四，地商促进了河套地区城镇的兴起。一些地商的公中、牛犋随着农业和商业的发展以及人口的增多，逐渐成为周边的中心，并发展为城镇。五原的隆兴长原本是王同春的商号所在地，随着渠道的便利和人口的增加，逐渐演变成为一个商店林立、日臻繁盛的大集镇，最终成为五原厅治所在地。开挖强家渠的强姓地商，其居住地强家油坊（强油房）成为临河县治所在地。杨氏家族的总柜杨柜城成为临河四区治所，杨家河中游的三道桥成为米仓县治所。第五，地商进入河套带来了蒙汉关系的新发展。地商本来源于旅蒙商人，与蒙古族之间有着天然联系。在地商开始大规模投资水利建设之时，为了获取蒙旗土地的承包权，他们学说蒙语，直接与蒙古族打交道，例如王同春和杨春林都会说蒙语。而且地商积极参与蒙古族的社会生活，王同春不但经常出钱解决蒙古王公的困难，而且还调解蒙古族上层之间的纠纷。地商的到来和水利开发活动，使河套地区的蒙汉关系进入一个新的阶段，河套逐渐成为蒙汉及各族人民的大熔炉。当然，地商在河套的水利开发过程中也给社会带来了一些负面影响，例如王同春与陈锦春之间的争水械斗，既是地商之间的互相伤害，同时也增加了社会的动荡不安。总体上，地商在清末民初政府力量无暇顾及河套开发的背景下，担负起组织农民开发河套的历史任务，奠定了河套农业社会的基础，为河套的社会转型做出了不可磨灭的贡献。

第二节　杨满仓的水利实践

河套地区是我国著名的引黄灌溉地区，从晚清至民国时期形成了塔布渠、长济渠、通济渠、义和渠、复兴渠、丰济渠、永济渠、黄济渠、杨家河和乌拉河等十大干渠。十大干渠是在渠工、渠头和地商的相互配合下挖成的，渠工、渠头和地商各自发挥不可替代的作用，共同完成河套的农田水利开发。地商是河套农田水利开发的领导力量，河套水利的兴修和农田的开垦，都是在地商的组织、领导之下进行的。渠头是河套农田水利开发的骨干力量，河套主要干渠和支渠的开挖以及农业生产经营，离不开渠头的管理作用。渠工是河套农田水利开发的主力军，河套的每一条干渠、支渠、子渠，无不是渠工一锹一铲挖成。由于人们的关注点和历史记载所限，今天人们所知的仅仅是那些大干渠的出资者与组织者的地商名字，而很少知道渠工与渠头的名字。杨满仓是杨门事业的开创者和领导者，杨满仓与其弟杨米仓共同开挖了河套十大干渠之一的杨家河。在杨家河开挖之前，杨满仓有一段很长时间的渠工和渠头经历，他的成功与其丰富的水利实践密不可分。

一、杨满仓的早年生活

杨满仓官名杨玉珍，杨满仓是其小名，祖籍山西河曲县。河曲县旧县城城关镇东南方的满洲营子曾有一套杨家老宅，房屋为三进的四合院，土木结构，内为夯土，外包青砖。满洲营子是清朝初年旗兵在河曲的驻防之处，相当于今天的人民武装部，杨满仓和杨米仓即诞生在这里。杨满仓和杨米仓年少时随父叔到河套。《临河县志》在介绍杨茂林时说："考杨氏系出河曲，世传山后杨氏，自宋代一武功起家，名满海内，代有达人。清同治之季，其先德玉珍公偕弟玉玺来套治农业。"① 杨茂林的父亲杨满仓和叔叔杨米仓即杨玉玺，在清朝同治末年来到河套地区从事农业生产。杨满仓和杨米仓是怎样来到河套的呢？"山西河曲籍杨满仓兄弟于同治年间随父来套，初居五原白家地，其父以卖豆腐为生。"② 杨满仓兄弟是随自己的父亲杨谦和叔父杨万来到河套的，刚来时居住五原白家地，杨谦和杨万以做豆腐为生。杨满仓兄弟来到河套时多大年纪、大致是哪一年？据杨米仓之孙杨平介绍，其伯祖杨满仓与祖父杨米仓在清朝年间随父母进入河套，其中杨满仓是徒步而行，杨米仓则年幼尚不能自己行走，是被父母放在箩筐中担过来的。③ 杨满仓比杨米仓年长十岁，杨满仓生于咸丰九年（1859 年），杨米仓生于咸丰十九年（1869 年），如果以当时杨满仓十二三岁计，杨米仓二三岁计，清同治年间是 1862—1874 年，则他们进入河套应该在同治十年（1871 年）左右。

有必要介绍一下杨满仓的祖籍山西省河曲县。今天的河曲县隶属山西忻州市，忻州位于山西省北部，而河曲又在忻州市西北部。河曲县地处晋、陕、蒙交界之处，西北与陕西省府谷县、内蒙古准格尔旗隔黄河相望，有"鸡鸣三省"之美誉。历史上，黄河几字湾南北周围地区属于广义的河套地区，而且清朝时内蒙古呼和浩特及以西地区一度隶属山西省归绥道管辖。所以无论从地缘还是从文化上，山西河曲都与内蒙古西部有不可分割的联系。清朝后期以来，晋陕人走西口，以山西的河曲、保德和陕西的府谷为最多，这三地都在黄河边上，顺着黄河往上走，符合农业人口迁移的规律。杨谦和杨万家住河曲城关，即河曲旧县城城区。杨谦和杨万到河套以做豆腐为生，可以推理他们在河曲已经开始做豆腐。关于杨谦和

---

① 巴彦淖尔市地方志办公室. 临河县志 [M]. 海拉尔：内蒙古文化出版社，2010：237.
② 杭锦后旗志编纂委员会. 杭锦后旗志 [M]. 北京：中国城市经济社会出版社，1989：167.
③ 杨平口述，2015 年 8 月。杨平，1945 年生，杨米仓之孙、杨旺林之子，医生。

杨万的具体身份，据智纯说，他们曾经是清朝卫队的两个小头目。[①] 士兵的出身一般是贫苦农民。清朝末年政治腐败，统治黑暗，他们在人稠地窄的河曲不能养家糊口，就像千千万万的农民一样，走西口到河套寻找出路。目前史志只有关于杨谦携妻带子定居河套的记载，并没有杨谦何时第一次进入河套的记载。根据常理和当时走西口者的习惯，从"口里"移民到河套的中原百姓，基本上都历经了一个从雁行到定居的过程。对于安土重迁的中国人，如果不是生活所迫，一般不会轻易移民到外乡。杨谦兄弟举家迁徙到河套，一定是经过长期的深思熟虑而做出的决定。可以推测，杨谦、杨万兄弟之前就多次来到河套，或者从事小本生意，或者跑青牛犋，在河套具有了丰富的生活经验，在对河套的地理、产业、风土人情相当了解的基础上，才决定离开自己祖辈生活的家乡来河套定居。

杨满仓在河套之前的生活情况已经无从考证，他在河曲是否接受过教育，他的性情和品质如何，这些都难以知道。我们只能从他十二三岁进入河套开始研究其一生。杨满仓初入河套，居住地在五原的白家地，张启高在《杨家与杨家河》中说"白家地"又叫"蔡家地"。[②] 白家地本在五原县城南，由于五原县城的扩建，现在已并入五原城区。杨满仓和杨米仓的父叔杨谦、杨万为什么会选择到白家地，白家地和蔡家地是什么关系？这还需要从老郭渠说起。老郭渠前身叫短辫子渠，短辫子渠是同治八年（1869年）由万德源商号张振达主持开挖。同治十三年（1874年）万德源商号联合万泰公、史老虎、郭大义组成四大股，以郭大义为经理，以王同春为渠头，重新开挖短辫子渠，渠开成后改名老郭渠。光绪十年（1884年）之后，郭大义之子郭敏修又接挖老郭渠，至光绪二十三年（1897年）全部工程结束，老郭渠后改名通济渠，列入晚清河套八大官渠。在老郭渠开挖中和挖成后，一些地商和农户出资在老郭渠上开挖了一些支渠，以为灌溉之便。在老郭渠的支渠中，有一条较早开挖的支渠叫蔡家支渠。《绥远通志稿》载，蔡家支渠开挖于清光绪初年（1875年），由包户蔡景云出银万两，长三十五里，宽一丈四尺，深五尺，所属子渠二十道，浇灌村落是蔡家地和白家地。[③]《绥远通志稿》又引《河套治要》说："高蔡两家河，又名蔡家渠。"[④]据此认为，蔡家渠是由高、蔡两家地户合开，本叫高蔡两家河，可能在开挖之时蔡家出资或出力多一些，所以又叫蔡家渠。为什么高蔡两家河、蔡家渠浇灌的土地是蔡家地和白家地呢？《绥远通志稿》载，自光绪十六年（1890年）至光绪三十三年（1907年），在白家地开挖的通济渠支流共十二道，其中"白家渠支渠"一道，"白怡义支渠"四道，冠以其他地商之名或者人名的支渠七道。虽然以白家命名的支渠在长度、宽度、深度都在蔡家渠之下，但数量却占绝

---

① 智纯口述，2015年8月。智纯，1922年生，杨米仓外孙，退休教授。

② 张启高.杨家河与杨家[Z]//杭锦后旗政协文史资料编委会.杭锦后旗文史资料选编：第5辑，1990：95.

③ 绥远通志馆.绥远通志稿：卷四十（上）：水利[M].呼和浩特：内蒙古人民出版社，2007：632.

④ 绥远通志馆.绥远通志稿：卷四十（上）：水利[M].呼和浩特：内蒙古人民出版社，2007：659.

对优势。据此有理由认为，最早居住在白家地的是高姓和蔡姓，蔡家渠、高蔡两家河的开挖比白家最早所开的渠要早十五年，根据河套地名以最早居住者姓名命名的原则，当时的白家地应叫蔡家地，白家地之名尚未出现。但自光绪十六年（1890年）以来，白家逐渐在蔡家地开挖了一些渠道，同时期却不再见蔡家开挖渠道，白家就逐渐成为蔡家地的主导家族，蔡家地就逐渐被改为白家地。不过因为蔡家渠的作用和历史的惯性，在一些文献中还将蔡家地和白家地并称。清中叶以来，来河套谋生的走西口农民或者给地商当雇工，或者租佃地商的土地，或者做点小生意，总之离不开地商的渠道、牛犋或者居住地。杨谦、杨万到河套定居在同治十年（1871年）左右，其时短辫子渠已经挖成，在短辫子渠附近已经有一些牛犋和居民，杨谦、杨万就加入附近的牛犋中开始做豆腐生意。杨谦、杨万带领杨满仓、杨米仓入套之际，正值短辫子渠和老郭渠开挖，这样杨满仓就顺理成章地成为一名渠工。杨满仓随父叔进入河套不久就开始了自己的渠工生涯，"进套之始，杨满仓、杨米仓和杨茂林，先是给地主郭商人和大地主王同春挖渠、扛长工"，[①] 杨满仓最早的雇主是郭大义，之后是王同春。

郭大义人称郭商人，四川广元人，是清朝后期河套的著名地商之一。同治八年（1869年）张振达的万德源商号开挖短辫子渠，以郭大义为总管，王同春为施工渠头，按期开成二十里的渠道，当年灌溉受益。但是到了同治十二年（1873年），短辫子渠河口淤塞，进水受阻，灌溉失利。[②] 同治十三年（1874年），万德源商号的张振达联合万泰公、史老虎、郭大义组成四大股，公推郭大义为经理，以王同春为渠头，重新开挖短辫子渠。重新开挖的短辫子渠由五原县西土城子的黄河开口，利用天生套河，前后十数年接挖至板头圪旦，长一百多里，灌田一千五百顷，并改名叫老郭渠。[③] 同治十三年（1874年），杨满仓十五岁，在那时已经算是一个成年人，综合各种史料可以推知，大约在老郭渠开挖之际，杨满仓投入郭大义门下成为一名渠工，而此时的渠头正是王同春。从此之后，杨满仓向王同春学习开渠的经验和技术，也开始了两人长达五十年的交情。

王同春从同治十三年（1874年）开始在老郭渠当渠头，因与郭氏父子意见不合，于光绪六年（1880年）辞去渠头职务，决定单独开挖一条干渠。光绪七年（1881年）春，王同春在旧老郭渠以北的黄河开口，利用本巴图、张老居壕、哈纳格尔河等天然沟壕，接挖贯通，挖成后初名王同春渠，后改称义和渠。[④] 根据开挖沙和渠的史料以及杨满仓与王同春的交往，可以推知，大约在王同春另立门户、单独开挖

---

① 张启高．杨家河与杨家[Z]//杭锦后旗政协文史资料编委会．杭锦后旗文史资料选编：第5辑，1990：95.

② 苏希贤，武英士．王同春[Z]//中国人民政治协商会议内蒙古自治区委员会文史资料委员．巴彦淖尔盟文史资料：第5辑，1985：6.

③ 陈耳东．河套灌区水利简史[M]．北京：水利水电出版社，1988：157.

④ 陈耳东．河套灌区水利简史[M]．北京：水利水电出版社，1988：157.

义和渠之际，二十二岁的杨满仓追随王同春门下，从此王同春正式成为杨满仓的"老板"。杨满仓因自身的聪颖勤奋，加上河套顶级水利专家王同春的悉心指导，慢慢成长为一名开渠治水的行家里手。义和渠干渠历时十年完工，其间杨满仓从普通渠工中脱颖而出，并且受到王同春的倚重，终于在光绪十七年（1891年）开挖沙和渠时成为众渠工之首。

二、杨满仓成为渠头

王同春在河套近代水利开发史上贡献最大。他开挖了义和渠、沙和渠、丰济渠、灶河渠等干渠。可以想见，如此浩大的水利工程，王同春不是孤身奋战，而是有许多助手。这些协助王同春开渠的人即渠头，协助王同春负责开渠工程的指挥、挖渠的技术指导、挖渠工人的管理。王同春不但在河套开挖了许多大渠，而且为河套水利培养了大批的渠头，这些渠头一般都是从普通的渠工做起，在挖渠实践中逐渐锻炼成为技术精湛的行家里手，受到王同春的欣赏而被委以重任。杨满仓就是其中的代表之一。

现有的记载可以说明光绪十七年（1891年）杨满仓成为王同春开挖沙和渠的渠头。《河套灌区水利简史》一书认为，"沙和渠于光绪十七年（1891年）由王同春开挖"①，杨满仓是王同春开挖沙和渠的渠头。②《杭锦后旗志》（以下简称《旗志》）的说法是："王同春包办沙和渠时，杨满仓被提为经理。"③王同春包租达拉特旗王爷的土地，当时该处有地无渠，需要挖渠才能使土地变为耕地，因此包办沙和渠指的是在包租之地开挖沙和渠。经理是一项事业的负责人，具体到经理沙和渠，就是负责开挖沙和渠施工现场的组织、管理、调度和技术指导，是王同春的主要助手，在某种意义上参与了决策，当然开挖沙和渠主要的决策者还是王同春。《旗志》这种说法可能源自《杨家河与杨家》，"由于给王同春当了多年渠工，并在开挖沙和渠时，杨满仓给王同春充当经理，亲自操办，积累了丰富的开渠经验"④。这里比《旗志》说得更明白，就是王同春开挖沙和渠时杨满仓被任命为经理。经理是一种比较正式的称呼，在那个年代由地商组织农民起来挖渠，农民是靠体力劳动吃饭的渠工，领导这些渠工的管理者自然被称为渠头。

关于杨满仓在开挖沙和渠时的事迹和言论，现有的资料没有任何记录。其原因可能在于：一是在那个特殊时代，河套地区尚未产生现代的新闻报纸，也没有文人来记载，当时并没有对挖渠的整个过程报道和文字记载，现有的资料多是后人在20世纪30年代的追述和回忆；二是即使是后人的追述和回忆，也仅仅局限在

---

① 陈耳东. 河套灌区水利简史[M]. 北京：水利水电出版社，1988：197.

② 陈耳东. 河套灌区水利简史[M]. 北京：水利水电出版社，1988：199.

③ 杭锦后旗志编纂委员会. 杭锦后旗志[M]. 北京：中国城市经济社会出版社，1989：167.

④ 张启高. 杨家河与杨家[Z]//杭锦后旗政协文史资料编委会. 杭锦后旗文史资料选编：第5辑，1990：96.

沙和渠的主要主持者王同春及开挖的过程，至于其他人则几乎没有提及。但是因为渠头在一条干渠开挖的过程中起着相当重要的作用，先把沙和渠开挖的一些情况作一叙述，以此来研究杨满仓的水利实践。关于沙和渠开挖的前因，王文景说："沙和渠系王同春于光绪十七年开挖。事前因达拉特旗发生内争，王同春亲为调解，费月余之力，消耗银二千余两，始告解决。达旗感念王君之德，遂将隆兴长以西地亩租与耕种。王君因识有地无水，遂立意动工。"[①] 王同春出钱出力为达拉特旗蒙贵族调解纠纷，获得了包租隆兴长以西土地的权利，鉴于该地内有水利条件，因此动意挖渠。沙和渠的名称，"因渠口附近皆为沙漠，故名曰沙和渠，又名王同春渠"[②]。

沙和渠的工程分为五期。光绪十七年（1891 年）开挖第一期工程，从五原的黄河北岸惠德成开口，经十大股入哈拉格尔河，长十七里。光绪十八年（1892 年）开挖第二期工程，从哈拉格尔河挖至郝敬桥，长二十四里。光绪十九年至二十年（1893—1894 年）开挖第三期工程，从郝敬桥经鸭子图至补红地，长十九里。第四期工程，光绪二十一年（1895 年）开挖正梢，经梅令庙、继荣堂入乌加河，长三十二里。第五期工程，光绪二十二年（1896 年）自补红地向东北接挖，经后补红东梢退入乌加河，长三十二里。前后五次开挖，历时六年，共计九十里，口宽三丈六尺，可以浇地二千余顷，花费工程银九万余两。[③] 沙和渠之后被列入民国十大干渠。

光绪十八年（1892 年），河北、河南、山西、陕西大旱，大批灾民进入河套，聚集在五原四大股庙的就有四五万人。王同春利用这些灾民挖沙和渠，"修挖此渠时，正值西北大饥，工人甚易，工资亦低，实含以工代赈性质，前后不出四年，全部大功告竣"[④]。在此期间出现了一段小插曲，光绪十九年（1893 年）秋，有人告密王同春聚众谋反，扬言要抓捕他，王只好逃离河套，在第二年冬天再返回。所以第三期工程受到影响，用了两年时间。[⑤] 张维华对此事有详细记载：当光绪十七、十八年王同春赈济灾民之时，有一个卸任的甘肃道台寓居绥远，道台的属吏从甘肃去看望道台，途经河套寄居王同春家，此属吏非常羡慕王同春的富有，"及至绥远，遣从人赵甘来套，命先生为备马匹，隐有所图，先生窥其意，不为筹办。以是修嫌于赵。赵某至套时，适先生施赈难民，及返绥远，称先生结好民众，有

---

① 王文景 . 后套水利沿革[Z]//中国人民政治协商会议巴彦淖尔盟委员会文史资料委员会 . 巴彦淖尔盟文史资料：第 5 辑，1985：99.

② 王文景 . 后套水利沿革[Z]//中国人民政治协商会议巴彦淖尔盟委员会文史资料委员会 . 巴彦淖尔盟文史资料：第 5 辑，1985：99-100.

③ 陈耳东 . 河套灌区水利简史[M]. 北京：水利水电出版社，1988：197.

④ 王文景 . 后套水利沿革[Z]//中国人民政治协商会议巴彦淖尔盟委员会文史资料委员会 . 巴彦淖尔盟文史资料：第 5 辑，1985：100.

⑤ 陈耳东 . 河套灌区水利简史[M]. 北京：水利水电出版社，1988：197.

叛变意。道台以此告于都统，都统信其言，欲隐谋之"。都统计划在给王同春假赠"急公好义"匾额时逮捕他，王同春识破后借场圃起火之机逃到黄河南岸，隐藏在杭锦旗王爷家，"匿居经年，始得脱难"。① 虽然工程的主持人王同春逃离在外，但成千上万人的工地并没有停工，而是一直在进行，这不得不让我们联想到王同春的主要助手渠头杨满仓的作用。王同春的个人能力以及在渠工中的威信，在当时情况下自然无人可及。能在王同春不能现场指挥的情况下，继续领导工程和组织工人，在一定程度上替代王同春的作用，说明杨满仓也不是等闲之辈。

在沙和渠的工地上当渠头，对于杨满仓至少有两个意义。第一是沙和渠的实践，为未来杨家河的开挖奠定了技术基础。"杨氏在经营沙丘较多、工程艰巨的沙和渠时，不断摸索到在沙漠里开渠的规律和引灌办法。"②杨家河灌区与沙和渠灌域在地形地貌上比较相似，同样难以开发，"其境河壕、沙沟、海子、沙梁较多，地形复杂，难以开发"③。杨满仓充任沙和渠的渠头，与王同春一起指挥了工程的施工，在一定意义上是工程的副总指挥，实践中摸索到的经验与技术，是他一生中最宝贵的财富。不过杨满仓那时并不知道他在沙和渠的水利经验与技术会运用在杨家河的开挖中。

第二是改善了杨家的物质生活水平。《杨家河与杨家》一文记载：1896 年，由于给王同春做工、当头儿，开始自种土地五至六顷，并开办豆腐作坊一处，加工出售豆腐。由于当头儿、自种地、做一点生意以及勤俭持家等，家里已有一些积蓄，并逐渐富裕起来。至此，便不再受雇于人，不再给别人种地和挖渠了。④ 在沙和渠挖成之后，杨满仓因为在开挖沙和渠中，为王同春立下了汗马功劳，所以有了属于自己的五六百亩土地。此记载并没有说明杨满仓的这些土地与王同春是否有直接关系，但可以推论出这些土地是王同春对杨满仓的惠顾。当时王同春的土地包租于蒙旗，王同春再将这些土地转租给下一级承包商。而且杨满仓承租的这些土地应该位于沙和渠灌区。这样杨满仓实现了又一次蜕变，即由渠头变为小地商。渠头是为大地商打工，而小地商是自己承包土地。杨家这时有了几百亩地，还开办了豆腐作坊，生活逐渐富裕，杨满仓逐渐跻身河套社会的中上层。

三、杨满仓经营沙和渠

虽然杨满仓已经独立承包几百亩土地而成为小地商或者二级地商，但是王同

---

① 张维华．王同春生平事迹访问记[Z]//中国人民政治协商会议内蒙古自治区委员会文史资料研究委员会．内蒙古文史资料：第 36 辑　王同春与河套水利．呼和浩特：内蒙古文史书店，1989：140.

② 《巴彦淖尔盟志》编纂委员会．巴彦淖尔盟志[M]．呼和浩特：内蒙古人民出版社，1997：1670.

③ 杭锦后旗志编纂委员会．杭锦后旗志[M]．北京：中国城市经济社会出版社，1989：167.

④ 原文是"光绪二十四年(1896 年)由于……"1896 年应该是光绪二十二年。从沙和渠挖成的年代看也应该是光绪二十二年。张启高．杨家河与杨家[Z]//杭锦后旗政协文史资料编委会．杭锦后旗文史资料选编：第 5 辑，1990.

春是当时河套的最大地商，杨满仓承包的土地来自王同春。当时王同春承包的土地的管理单位是牛犋，杨满仓的五六百亩土地实际上是从王同春那里承包的一个牛犋的部分土地。杨满仓的开渠技术和管理经验也学自王同春。杨满仓是王同春开挖沙和渠时的主要助手，他的水利技术和管理经验在当时的河套是一流的。杨满仓需要王同春这棵大树，王同春也需要杨满仓的技术与经验。这就决定了杨满仓与王同春合作的长期性和稳固性。根据河套地商与渠头之间的关系和现有史料推测，杨满仓应该是王同春最主要的渠头，甚至在一定时期中是王同春的大管家。光绪二十二年（1896 年）至民国元年（1912 年），史志中查不到杨满仓与王同春交往的相关记载，这并不能说明杨满仓与王同春的联系中断，否则就不能说明为什么民国初年王家将沙和渠的管理权委托给杨满仓。为了解决庚子赔款引发的财政危机，清政府派贻谷督办察绥垦务和水利，将河套私有干渠尽行收归公有，其中包括王同春自修和管理的义和渠、沙和渠、丰济渠等干渠。清政府官设西盟垦务局，试图统一管理河套水利，但是由于垦务局没有人真正懂水利，"垦务局自办三年，毫无效果"①。民国初年，河套的各大干渠改由民户包租，沙和渠"随同各渠招商承包。王璟以地商名义包办，委杨满仓经理"②。河套东部的义和渠、沙和渠由王同春的儿子王璟以商人的名义承包，包租期五年。王璟于当年病故，义和渠由王家继续维持包租，沙和渠则委托杨满仓当经理。在杨满仓承包的第一个五年，情况尚好；杨满仓又继包五年，已经没有经济效益。③ 杨满仓承包沙和渠五年届满之际，已经是民国五年即 1916 年了。王同春的儿子王喆对杨满仓受王家委托包租沙和渠的说法是："王璟以老父一生辛劳所得，一旦被贻、姚攫去，因系图圄，外痛产业之没收，内痛老父狱中之苦，于民国元年心痛病死。王君之三、四、五、六子俱在年幼，杨满仓见有机可乘，遂将所包据为己有，五年期满后，杨某继包五年，虽无利可图，而以借此创开一杨家河矣。"④这里所说的王同春入狱是指光绪三十三年（1907 年）王同春第四次入狱。当时西山嘴附近有一处盐海子，由蒙旗所有和经营，贻谷打算将盐海子收归官办，遭到蒙古族人民"独贵龙"组织的反抗，王同春应姚学镜邀请前去调解。贻谷说王同春调解有功，命他到绥远交差。王同春到绥远后遭到贻谷下属构陷，以杀陈锦春之名被捕入狱。这次牢狱持续五年，直至辛亥革命爆发，阎锡山响应武昌起义出兵包头，绥远将军利用王同春与阎锡山

　　① 王喆．后套渠道之开浚沿革[Z]//中国人民政治协商会议内蒙古自治区委员会文史资料研究委员会．内蒙古文史资料：第 36 辑　王同春与河套水利．呼和浩特：内蒙古文史书店，1989：175.
　　② 王文景．后套水利沿革[Z]//中国人民政治协商会议巴彦淖尔盟委员会文史资料委员会．巴彦淖尔盟文史资料：第 5 辑，1985：100.
　　③ 陈耳东．河套灌区水利简史[M]．北京：水利水电出版社，1988：197.
　　④ 王喆．后套渠道之开浚沿革[Z]//中国人民政治协商会议内蒙古自治区委员会文史资料研究委员会．内蒙古文史资料：第 36 辑　王同春与河套水利．呼和浩特：内蒙古文史书店，1989：175.

交涉，因此才被释放出来，其时已经是民国元年了。① 综合各种史料可知，虽然王璟之死与王同春出狱同在民国元年（1912年），但似乎王璟之死在前，王同春出狱在后，这样杨满仓才有可能受王家嘱托经理沙和渠。杨满仓受王家所托打理经营沙和渠，王家是老板，所得主要收入应该归王家，杨满仓却"将所包据为己有"，这也是事实。王同春之子王喆的这段话可以看出，他对杨满仓受王家之托包租沙和渠虽有意见，但也不得不肯定杨满仓对河套水利的贡献。

今天如何来评价杨满仓包租沙和渠呢？王喆对杨满仓的批评是站在王家的立场上，认为杨满仓乘机获得了承包沙和渠的利益，而这些利益本应该为王家所得，我们可以从三个方面来分析此问题。首先，从杨满仓为王家经理沙和渠的合法性上看。以上史料说杨满仓经理沙和渠时得到王家的嘱托，并没有指出具体是受谁的嘱托。按照当时王家的情况，这个有权力嘱托杨满仓的人应该是王同春本人。王同春虽然在大狱之中，但像这样的大事，不可能没有得到王同春的授权或者默许。正因为如此，王同春出狱后并没有从杨满仓手中收回沙和渠的承包权，二人作为河套一流的水利大家，又有几十年的交情，不会在这一问题上产生纠纷，给河套水利界带来不良影响。其次，对照一下义和渠、沙和渠包租的情况。民国元年王璟承包义和渠和沙和渠，王璟病故后义和渠由王家继续打理，情况并不好，五年包租期满后，便由下游的大地户组织义和社继续承包。王家经营的义和渠由于情况不好而放弃继续承包，这时王同春的几个儿子因年幼而尚未积累起足够的渠道管理经验，如果沙和渠也由王家直接管理，结果可想而知。再次，从王家的主观角度与河套水利建设的客观角度上看。杨满仓管理的沙和渠至少保持了五年的良好经济效益，从王家的主观角度看，本应是王家的所得而归了杨家，王家的利益受到损失；从河套水利建设的客观角度看，贻谷官办水利使河套的水利事业遭受沉重打击，其时河套的民间水利资金匮乏，杨家为河套水利的振兴储备了一笔物资。那么杨满仓从包租沙和渠中得到了什么呢？第一是丰富了管理大干渠的经验。杨满仓是开挖沙和渠的渠头，沙和渠开挖之后自己也成为小地商，也开挖和管理过一些小支渠。但是管理经营沙和渠这样的大干渠，无疑能让杨满仓的水利才能得到充分展现，同时也丰富了他的管理经验。第二也是最关键的，是积累了开挖杨家河的启动资金。杨氏家族从最底层的渠工做起，慢慢当上渠头，乃至成为小地商，就在河套维持生活而言不成问题，但并没有积累起大笔的财富。真正积累起一笔可观财富，是从包租沙和渠开始的。虽然杨满仓在包租沙和渠十年中积累的财富对于日后杨家河的开挖无异于杯水车薪，但毕竟成为启动资金的一部分，如果连这一部分资金也缺乏，就不可能有杨家河的开挖，杨家的水利事业也就不可能登上顶峰。

---

① 苏希贤，武英士. 王同春[Z]//中国人民政治协商会议内蒙古自治区委员会文史资料委员. 巴彦淖尔盟文史资料：第5辑，1985：78.

第三节　杨茂林的水利实践

杨家对河套水利的最大贡献是开挖杨家河和开辟杨家河灌区。杨家河灌区是杨家祖孙三代人前后三十余年所开辟，其中第一代和第二代人起主要作用，第三代人起辅助作用。杨家的三代人，杨满仓(杨玉珍)和杨米仓(杨玉玺)即"玉"字辈是第一代；杨茂林、杨春林、杨文林、杨铎林、杨鹤林等即"林"字辈是第二代；杨忠、杨孝、杨节、杨义、杨礼、杨智等即"忠"字辈是第三代。因为杨家的三代人对河套水利事业贡献的持久性和重大性，所以被誉为河套水利世家。杨家的第二代人"林"字辈共有九男，其中年长的前五位与父辈一起参加了杨家河的开挖。杨茂林、杨春林、杨文林、杨铎林、杨鹤林五人，在开挖杨家河之前，都经过了水利实践锻炼，他们在长期的水利实践中提高了技术，增长了管理经验，为开挖杨家河奠定了基础。永济渠是河套诸干渠之首，杨茂林带领众兄弟承包永济渠的实践，是杨家河开挖之前的一次大练兵，也是杨家水利事业的历史转折点。杨茂林等承包永济渠卓有成效，却中途受阻而不得施展，最终走上了独立开挖杨家河的道路。

一、"林"字辈的成长

杨满仓在义和渠挖大渠的过程中，弟弟杨米仓逐渐长大，与兄长一起在义和渠的工地上当渠工。在兄长的照顾和帮助之下，杨米仓也逐渐成为一名水利行家。杨满仓和杨米仓在沙和渠上当渠工时，先后娶妻成家，杨满仓大约在光绪四年(1878年)，杨米仓大约在光绪十年(1884年)，各自成立了自己的家庭。光绪八年(1882年)杨满仓的长子杨茂林出生，接着杨米仓长子杨春林(约1884年生)、杨满仓次子杨文林(约1886年生)、杨米仓次子杨铎林(约1887年生)、杨米仓三子杨鹤林(约1892年生)先后降生。杨家的第二代人以"林"为字辈，在某种程度上反映了河套的历史状况。清朝同治年间河套地区尚是一望无际的牧场，红柳、白刺满野，农田开垦得很少，也很少有杨树、柳树等树木。从同治年间开始，河套地区的大渠一条条出现，农田一片片开垦，植树造林，保持水土，抵御风沙，绿化家园成为时代要求。作为河套水利世家杨家的第二代，随着义和渠的开挖、农田的开垦、植树造林等时代特征诞生在河套大地。杨家的第二代一出生就深深打上了农田水利的印记，也预示着他们将会与河套的农田水利相伴一生。

杨家第二代杨茂林、杨春林、杨文林、杨铎林、杨鹤林五人的青少年时代是如何度过的，每个人的性格、特征和教育情况如何？限于资料，目前知道较多的是杨茂林和杨春林，其他三人则知之甚少。杨茂林是家中老大，他的成长经历在一定程度上可以反映杨家第二代成长的全貌。杨茂林，俗名大杭盖，生于光绪八年（1882年），杨家九兄弟的长兄，在九兄弟中成就最大，是开挖杨家河的中心人物。清朝同治末年（约1871年），杨茂林的父亲杨满仓和叔叔杨米仓跟随父叔杨谦、杨万，从山西河曲来到五原白家地，给地主赵双全当长工兼做豆腐维持生计。杨满仓、杨米仓年长后投在五原大地商王同春"同兴号"当渠工。他们经常随从在王同春左右，参加开渠实践，学习王同春开渠治水的经验，并且逐渐掌握了王氏开渠的技术精华。杨满仓、杨米仓从最底层的渠工干起，逐渐跻身上层，家业逐渐富裕，人口逐渐增多，乃至共生养子女九男四女共十三人，其中杨满仓育有三男一女，杨米仓育有六男三女，杨茂林是杨家九兄弟中的长男。"茂林为群季长，天性敦笃，内行实践，能以身作则，一门孝友里党钦瞩。河套言家教者，首推杨氏。"①杨茂林作为九兄弟中的大哥，无论是品德还是能力，都为众兄弟做出了很好的榜样。二弟杨春林"幼秉特质，有血性，持家应世，悉本至诚"②。杨春林性格异于杨茂林，比较有血性，不但擅长持家而且擅长应世，做事情都能尽心尽责。张启高在《杨家河与杨家》一文中说，当杨满仓和杨米仓在成为王同春牛犋的管理者时，即光绪二十二年（1896年）左右，杨茂林和杨春林被送到王同春的买卖行"同兴号"当学徒，学习的主要内容是做生意，杨文林也在外做生意。民国三至四年（1914—1915年），杨茂林、杨春林已成为"同兴号"的内务外交的主管人。③能成为王同春"同兴号"的管家，说明杨家"林"字辈还具有相当的商业才能。杨家众兄弟在杨满仓、杨米仓的培养之下，在杨茂林、杨春林的示范引领之下，逐渐成长起来，他们既精于治水，又擅长经商，当然他们最主要的才能还是体现在水利上面。

杨茂林是清末民初河套地区公认的水利专家。这里的水利专家兼有水利技术专家与水利实业家的双重含义，杨茂林不仅是当时河套水利技术方面的行家里手，而且亲自主持修挖永济渠三条支渠，是兴办水利工程的实业家。与父杨满仓和王同春一样，杨茂林的水利技术不是来自书本知识，而是来自前辈水利专家的亲授和自己的水利实践经验。杨茂林的水利技术传授者是父亲杨满仓和水利大家王同春。光绪十七年（1891年）王同春主持开挖沙和渠，担任渠头的正是杨满仓，时年杨茂林九岁。光绪二十二年（1896年）沙和渠干渠主体工程基本完工，时年杨茂林十四岁。《临河县志》对杨茂林少年即"其先德擅长水利，茂林髫年随侍，每行渠畔，进茂林随地指画，辄憬然有会。稍长，入而讲求，出而实验，日觉亲切有味，遂视水利为唯一之事业。每兴一工，遍所见已乃参合己见，往返驳论以求其至当，其有不合者鲜矣。即间有格碍，而仰而观疑俯而察，伏案兀坐，绕室旁行，临流痴立，终日终夜忘食寝，迨至豁然通，憬然悟，泪乎其有得也，则有大呼狂喜，

① 巴彦淖尔市地方志办公室.临河县志[M].海拉尔：内蒙古文化出版社，2010：238.
② 巴彦淖尔市地方志办公室.临河县志[M].海拉尔：内蒙古文化出版社，2010：238-239.
③ 张启高.杨家河与杨家[Z]//杭锦后旗政协文史资料编委会.杭锦后旗文史资料选编：第5辑，1990：95.

觉人世之乐举，无以易此者"①。在沙和渠修挖过程中，杨茂林经常跟随在父亲杨满仓身边，耳濡目染和亲身实践，从小就接受与众不同的熏陶和锻炼，他潜心钻研水利几乎到了痴迷状态。《临河县志》说杨茂林"家于永济渠侧，覃心水利，从俊川王氏游，能得其秘"②，王俊川即王同春，在那个时代能够经常和王同春一起参加开渠修渠的实践，学到了其他人学不到的技术。杨茂林站在河套水利的制高点上，凭借水利世家的"家学"和王同春的"密传"，加上丰富的水利实践磨砺，在民国六年（1917 年）杨家河修挖之前，已经是河套地区公认的新生代水利专家。"先生有弟八人，皆一门之秀，均能踵起而世其传，春林、鹤林尤日侍先生，而得其秘授。"③杨茂林的实干和钻研精神对众弟兄产生了积极影响，在杨家大哥的带领下，杨家"林"字辈为河套的水利事业做出了卓越贡献。

光绪三十一年（1905 年）前后至杨家河开挖之前，杨茂林与父亲杨满仓及众兄弟一起独立修挖了一些小支渠和至少三条大支渠，并且对永济渠进行了系统的修浚，杨茂林的水利专家的地位得以奠定。杨氏父子独立修挖的小支渠，有据可查的有四条。光绪三十年（1904 年），杨氏父子在义和渠灌域西牛犋自筹二千零二十五元，开挖第十支渠杨柜支渠，渠长五里，宽九尺，有子渠三道。光绪三十二年（1906 年）在义和渠灌域的曹家圪旦开挖第十一支渠杨柜支渠，长一里，宽五尺，深三尺。④ 民国初年（1912 年）杨氏父子在通济渠灌域的哈拉卜尔洞，自己出资开挖第一百一十二支渠杨满仓支渠，渠长二里，宽一丈，深五尺，流全干渠百分之五，有子渠二道。⑤ 民国二年（1913 年）杨氏又自筹工款在义和渠灌域的曹家圪旦开挖第十二支渠杨柜支渠，渠长一里，宽六尺，深三尺。⑥ 按照河套地区挖渠种地的规则，出资挖渠者一般是水渠灌溉田地的承包者，从这些渠道的规模上看，杨家在这些地方租种的土地也非常有限。这些小支渠的开挖不过是杨家的小型实验和常规训练，如果仅仅有这些小支渠的开渠实践，无论如何也不能让杨茂林敢于承担杨家河这一巨大工程。杨家在开挖杨家河前的最大规模水利实践是杨茂林率领众兄弟承包永济渠。

二、杨茂林承包永济渠

从民国初年开始，杨茂林承包永济渠三年，创造了永济渠历史上的中兴时代。为了说明杨茂林承包永济渠的过程，有必要考证杨家与永济渠的三条大支渠（旧东支渠、新东支渠和乐善堂支渠）的关系。问题的关键在于杨茂林是否在永济渠开挖

① 巴彦淖尔市地方志办公室 . 临河县志[M]. 海拉尔：内蒙古文化出版社，2010：201-202.
② 巴彦淖尔市地方志办公室 . 临河县志[M]. 海拉尔：内蒙古文化出版社，2010：238.
③ 巴彦淖尔市地方志办公室 . 临河县志[M]. 海拉尔：内蒙古文化出版社，2010：202.
④ 绥远通志馆 . 绥远通志稿：卷四十（上）：水利[M]. 呼和浩特：内蒙古人民出版社，2007：621-622.
⑤ 绥远通志馆 . 绥远通志稿：卷四十（上）：水利[M]. 呼和浩特：内蒙古人民出版社，2007：653.
⑥ 绥远通志馆 . 绥远通志稿：卷四十（上）：水利[M]. 呼和浩特：内蒙古人民出版社，2007：622.

或者修浚过这三大支渠。据《河套灌区水利简史》，光绪三十二年（1906年）贻谷约请王同春修浚永济渠，对永济渠进行了"大手术"。除了将缠金河（永济渠旧名）从黄河重新开口等工程外，还在永济渠干渠以下开挖修整六条支渠，分别为乐字渠（西乐渠）、兰字渠（永兰渠）、永字渠（西渠）、远字渠（中支渠）、流字渠（旧东渠）、长字渠（新东渠）。这里只知道王同春是这次修浚的总工程师，并没有明确交代这六条支渠各自挖成的时间和具体开挖者。[①]《绥远通志稿》也没有列出如上支渠的开挖时间及组织出资者。《巴彦淖尔盟志》载，民国元年（1912年）开始，杨满仓及杨茂林"自己包租了永济渠卜尔塔拉户口地自行测量设计并组织地商佃户开挖了旧东支渠、新东支渠和乐善堂支渠"。[②] 比较一下这两种说法，前一说虽然没有明确乐善堂渠、旧东渠、新东渠的实际开挖者是杨满仓与杨茂林，但杨满仓当时是王同春最为倚重的渠头，杨氏父子很可能具体负责开挖这些支渠。《临河县志》也有杨茂林居住在永济渠畔并且随从王同春参加水利实践的记载。如果这六大支渠是光绪三十二年（1906年）开始挖的，就杨家与王同春的关系而言，可以推断出其中有一些极可能由杨满仓父子实际负责。后一种说法明确杨氏父子是这三条支渠的设计与组织开挖者，且把开挖时间确定在民国元年（1912年）杨氏承包永济渠之时，似乎不太符合河套水渠的成渠规律。河套的渠道往往不是一次性修成，而是经历了不同时期由不同人之手才最终形成。还有资料说民国初年（1912年）杨满仓添挖旧东渠、民国八年（1919年）杨满仓开挖新东渠。[③] 这里的杨满仓应该是杨茂林，因为杨满仓是当时杨家的符号，杨茂林做的事情冠以父亲杨满仓的名字是正常现象。"添挖"就是在原有旧渠基础上修浚，这比较符合河套渠道的成渠规律，而且时间也与杨茂林承包永济渠时间吻合。民国八年（1919年）开挖新东渠的说法在时间上有误，因为民国八年（1919年）杨茂林已经不是永济渠的承包者，而是杨家河开挖的实际总指挥，在史实上大致不错，所以可以认为在民国之初杨茂林修浚过新东渠。历史的实际可能是，这三条大支渠在光绪三十二年或之前已经挖成，杨氏父子可能参与或者负责，到了民国初年杨氏父子又对此三大支渠重新修浚。不管杨氏父子是永济渠三大支渠的最初开挖者，还是对这三大支渠进行了重新修浚，确定无疑的是杨氏父子曾经在河套八大官渠之首的永济渠上大兴土木。所以，杨家不是突然冒出来开挖杨家河的，而是在开挖之前已经具备了丰富的开渠治水经验。

真正奠定杨茂林河套水利专家地位的，是承包永济渠时独特的管理办法。永济渠是清末民初河套八大干渠之首，原名缠金渠，清道光初年甄玉、魏羊集资在刚目河西边黄河湾上另外开新口和一段输水渠道，下接一段刚目河，命名为缠金

① 陈耳东. 河套灌区水利简史[M]. 北京：水利水电出版社，1988：153-154.

② 《巴彦淖尔盟志》编纂委员会. 巴彦淖尔盟志[M]. 呼和浩特：内蒙古人民出版社，1997：1670. 据《河套灌区水利简史》，永济渠包租时间从民国二年（1913年）开始。

③ 石满祥口述，刘培荣整理. 对份子地开发史实的忆述[Z]//中国人民政治协商会议临河县委文史资料室. 文史资料选辑：第2辑，1984：62.

渠。至道咸之际，聚集在缠金渠地域的商号共四十八家，建立四十八个牛犋，各开地数顷至数十顷。各地商有感于缠金渠水量的不足，在甄玉、魏羊二人的倡导下，四十八家商号共同出资扩修渠道，接挖长度达到一百四十多里，口宽五丈。至同治初年又有八家地商加入，永济渠迎来了全盛时代。后来永济渠灌域遭遇清兵搜刮，加上地商争水，进入中落时代。光绪三十二年（1906 年）贻谷将后套各大干渠收归公有后，鉴于缠金渠严重荒废，聘请王同春重新改造，动用工款二十万两，缠金渠从此改名永济渠。民国元年（1912 年）后永济渠改归商办，第一任承包者就是杨茂林。

有必要对永济渠永租地作一介绍。河套地区本属蒙旗世袭领地，有清一代是游牧之区。庚子赔款使清政府的财政负担大大加重，为了解决财政危机，清廷决定放垦绥远蒙旗土地。光绪二十七年（1901 年）贻谷被清廷任命为垦务大臣到绥远督办垦务。光绪二十九年（1903 年）至三十年（1904 年）贻谷逐步将河套历代地商开挖的渠道收归公有，使五原县的八条私有干渠变成八大官渠。八大官渠归清朝设立的垦务局管理，隶于八大官渠灌域的永租土地所有权则属于达拉特旗蒙民，其中有永济渠永租地八百顷。当时的历史状况是，蒙旗有地没有渠，渠一般是由地商所开，渠与地是一种互相依存的关系。八大干渠收归官有后，永租地即由垦务局永久承包，地权仍归蒙旗所有，由垦务局开渠招租，所得租税政府与蒙旗按照一定比例分成。垦务局与蒙旗订立合同，上上地每年每顷收租银四十两，上次地三十两，中二十五两，下二十两。收到的租银除去二成作为渠工之费外，其余按照十成计算，政府得三成，蒙旗得七成。[①] 因为垦务局没有人懂得水利，不知道怎样引水、疏通、维护管理，大地商也没有积极性，渠地慢慢荒废，所收租银入不敷出，积弊丛生。民国元年（1912 年）开始确立地商包租的制度，八大官渠永租地以两千顷为准，每顷收租银十五两，每顷每年收水利经费银四两五钱，以一两三钱归承包商作为修渠之费，以三两二钱归政府作为水租。

永济渠永租地改为地商包办后，"河曲杨君茂林，以水利专家包办永济官渠，因势利导，三年水利大治"[②]。杨茂林因何被誉为水利专家，永济渠是如何在三年内实现大治的呢？史书有详细记载："该渠包商杨君茂林为水利专家，精心果力，能衍王氏浚川之传而参其变。平日经营渠道，以培养花户为第一要务，谓花户聚而后合作始有力，花户富而后大工始不误，早作夜思，浴雨栉风，统筹全局为之开渠口、浚渠道、开渠梢，沾溉日宏，收益日增，村庐云屯，鸡犬相闻。"[③]这里不能不提到杨茂林的品性。杨茂林有两大品性，一是精细，二是实干。精细是指杨茂林的精明细心。他不但继承了王同春在修渠治水上的一些成熟经验，而且能根

---

① 巴彦淖尔市地方志办公室．临河县志[M]．海拉尔：内蒙古文化出版社，2010：186.
② 巴彦淖尔市地方志办公室．临河县志[M]．海拉尔：内蒙古文化出版社，2010：200.
③ 巴彦淖尔市地方志办公室．临河县志[M]．海拉尔：内蒙古文化出版社，2010：197.

据实际做到运用之妙。他深谙经营渠道的要领在于培养花户。花户是租种土地的贫苦农民。这些从山西、陕西、河南、河北、山东等地走西口进入河套地区的农民，不远千里来到塞外，有的是来逃难，有的是来发财。这些农民很多都是单个或者结伴而来，并不是举家迁徙。他们的家还在原乡原土，未必有在河套落户的长期计划，他们春天来到河套租种土地，秋天收获后返回家乡，流动性很大。这种流动性既不利于耕地面积的扩大和耕种质量的提高，也不利于渠道的管理经营。只有更多来租种土地的农民从游移状态变为稳定和定居的状态，才能保证土地开垦的数量，才能保证土地是在耕种而不是撂荒，才能保证粮食作物的产量，才能保证足够的劳动力修浚渠道。花户聚集起来才有力量，花户富裕起来才有建设，没有花户就没有一切，一切以培养花户为出发点，这是杨茂林不同常人的精明之处。实干是指杨茂林实实在在为花户服务，实实在在干事业。他起早贪黑，栉风沐雨，带领聚集在周围的农民，在永济渠上开渠口、浚渠道、开渠梢，把永济渠打理得井井有条。永济渠在民国以前沿用旧口引水，进水不畅，渠宽不过五丈，渠梢宽不及三丈，长度不过七八十里，经过杨茂林重修渠口渠身，渠口加宽至七八丈，长至一百四十余里，每年浇地三四千顷，基本奠定了民国永济渠的规模。[①]在杨茂林的主持领导之下，永济渠灌域的租地农民日渐增多，收入稳定的农民也愿意定居下来以图长远发展，永济渠灌域的村落逐渐增多，鸡犬之声相闻，一派欣欣向荣。这就是永济渠百年发展史上的中兴时代。

可惜好景不长，杨茂林在永济渠的红红火火，引起了极大的嫉妒。正当永济渠的经营管理走上轨道时，当局却把承包权改归李兰青。"是时也，当事者应如何奖励而扶持之，俾令克厥全功。何意功未及半，又改归包商李兰青承包。李包商既少实力，又乏经验，举全渠大权尽付之渠头之手，渠埋地芜，毫无成绩。独其蓄水放梢一节尚差强人意。"[②]李兰青修渠治水的经验不能与杨茂林相比，他将管理大权都交给渠头，结果导致渠湮地荒，永济渠的中兴时代无疾而终。

杨茂林经营永济渠的三年，时间虽然不算长，但是无论对于他个人还是对于河套地方，意义都非常深远。就他个人而言，标志水利技术和灌域管理水平的成熟。永济渠是河套八大官渠之首，无论长度、宽度、进水量、灌溉面积都是诸渠翘楚。杨茂林重新修浚干渠渠口、渠身、渠梢，使一百四十余里的水道畅通无碍，而且开挖或修浚了永济渠的乐善堂支渠、旧东渠及新东渠。杨茂林从全局出发，对永济渠进行从头至尾、从干渠到支渠全盘的、系统的修浚。这种在大干渠上实践的全局观和系统观，是一个水利大家成熟的条件和证明。杨茂林对花户的管理，从长远计划出发，力争让花户在河套安家立业，使这些流动的带有投机、爆发心

---

① 巴彦淖尔市地方志办公室.临河县志[M].海拉尔：内蒙古文化出版社，2010：197.永济渠在道咸全盛时代亦长一百四十余里，后因荒废，致使某些渠道废弃，此处说民国之前永济渠的长度是指其荒废后中落时代的长度。

② 巴彦淖尔市地方志办公室.临河县志[M].海拉尔：内蒙古文化出版社，2010：197.

理的个体农民变为稳定的农业生产群体。当时河套地区土地广袤，缺乏的是耕种土地的人口和劳动力，抓住了人就抓住了问题的关键。杨茂林对永济渠灌域的管理，抓住了培养花户这一关键，让他们在永济渠畔安家落户，使这些走西口的"流民"变为真正意义上的农民，有效地解决了地广人稀的矛盾。就杨茂林的全局观和长远观而言，不能不说他是深谋远虑的，这也正是他异于常人和能脱颖而出成为河套新生代水利中坚的原因。杨茂林在接下来的十余年时间中能挑起开挖杨家河的重任，可以说是承包永济渠的三年奠定的坚实根基。

　　杨茂林开创的永济中兴，对河套地方而言，意义至少有二。一是对永济渠的重新修浚奠定了民国乃至后世永济渠的规模。杨茂林修浚后的永济渠长度、宽度、进水量、灌溉面积都比之前有了显著增加，后世的永济渠基本上是这一规模而稍有发展。永济渠从民国之后始终居河套各大干渠规模之冠，杨君有功焉。二是永济渠灌域的农业发展奠定了民国临河县东部的基础。在杨茂林承包永济渠的年代，永济渠灌域隶属五原县。五原县的开发本来是西部地区为早，但因为永济渠的中落和王同春在东部的开发，反而使五原西部落后于五原东部。杨茂林承包永济渠，再次使五原西部掀起了开发浪潮，三年时间永济渠两岸土地开辟，人口增多，河渠交织，村庄错落。正是永济干渠及其他干渠灌域的开发和人口增加，使政府不得不考虑在五原西部重新设立一个县。民国十九年（1930年）临河县正式设立，与五原以丰济渠为界，丰济渠以东属五原，丰济渠以西属临河。临河县设立伊始，境内有三大干渠，分别是永济渠、黄济渠和杨家河。临河县的一区和二区位于临河东部，大致处于永济渠灌域，临河三区四区位于临河西部，三区大致处于黄济渠灌域，四区大致处于杨家河灌域。临河县治所所在地强油坊即永济渠灌域发展起来的一个城镇。河套地区大规模的开发始于清朝末年，本属蒙旗世袭领地并无政府行政机构的设置。因为走西口的农民在地商组织之下进行开渠辟地的活动，人口逐渐增加，从而使得政府机构的设置成为必需的举措。五原在清末的开发以东部为快，西部以永济渠中兴为起点而赶上东部，临河县的设置是河套发展变迁的必然要求与真实反映。

第三章　杨家开辟杨家河灌区

杨家对河套水利的最大贡献是开挖了杨家河和开辟了杨家河灌区。河套历史上曾有两条杨家河，可以称之为旧杨家河和新杨家河，两条杨家河都是杨姓所开，都以杨姓命名。现在纵贯杭锦后旗南北，依然发挥巨大水利作用的杨家河是新杨家河，就是众所周知的杨满仓、杨米仓及其后代所开的杨家河。新、旧杨家河有一定的历史联系。旧杨家河本来是黄河的一条天然支流，当时的黄河主流是乌拉河，可以说杨家河是乌拉河的一条支流。最早管理杨家河的是杨凤珠。杨凤珠是山西平鲁人，乾隆末年来到王爷地西厂村经营蒙古生意。因为他膂力过人，生性好斗，并且有号召力，人送绰号老大王。当时的西厂一带，荆棘遍野，每年黄河汛期时，乌拉河、杨家河的水漫溢出来，一片汪洋。水退后，杨凤珠乘机筑坝耕种乌拉河和杨家河周边土地，并开始管理杨家河，因杨姓管理，所以人们称之为杨家河。这是清朝建立以来河套地区开荒耕种的开始。此后聚集在乌拉河、杨家河的汉族农民越来越多，逐渐形成村落。到了道光年间，乌拉河被西北金丝庙风沙湮没，水流断绝，杨家河也慢慢荒废，百姓也都迁移而去。杨凤珠的后代杨安山在光绪年间曾经想与天主教会合作重新修浚杨家河，但是杨家河被教会管理后，杨安山却被排挤了出去。[①] 这是旧杨家河的基本情况。关于新、旧杨家河的联系与区别，《临河县志》记载："按今之杨家河子渠，袭旧渠之名，非袭旧渠之地也。旧杨家河为临河西界西厂杨氏创修于清嘉道年，盛于咸同时代。至光绪初季，杨氏中衰，地芜而渠亦与俱湮。询诸故老，旧渠规模狭小，水利局于一方，较新杨家河渠，其大小广狭不啻倍蓰。"[②] 新、旧杨家河的历史联系在于，新杨家河沿用了旧杨家河的名字；区别在于新杨家河是一条新开的河（渠），渠线和旧杨家河不同，新杨家河的规模远远超过旧杨家河，灌溉面积是旧杨家河的倍数。从民国时绘制的河套地图上看，旧杨家河的长度差不多相当于新杨家河的一条支渠。成书于清光绪三十四年（1908年）的《五原厅志略》，是巴盟地区仅有的两部旧志之一，在《河

---

① 关于旧杨家河的情况，参见王喆. 后套渠道之开浚沿革[Z]//中国人民政治协商会议内蒙古自治区委员会文史资料研究委员会. 内蒙古文史资料：第36辑　王同春与河套水利. 呼和浩特：内蒙古文史书店，1989：162.

② 巴彦淖尔市地方志办公室. 临河县志[M]. 海拉尔：内蒙古文化出版社，2010：200.

渠》目中列有"杨家河子渠"①，指的就是旧杨家河。新杨家河的开挖始于民国六年，新杨家河开挖之后，在河套的地图和文献资料中，人们看到的才是今天的杨家河。由于时间渐行渐远，今天的人们只知道新杨家河而不知道历史上还存在一条旧杨家河。虽然新杨家河的名气掩盖了旧杨家河，但应该知道，旧杨家河也为河套地区的开发做出了历史贡献，也是河套水利史的重要组成部分。

今天研究杨家河，主要分析两个方面：一是杨家开挖杨家河的过程即杨家河灌区的形成过程；二是杨家河即杨家河灌区的历史地位。

第一节　杨家河灌区的形成过程

杨家河是今天河套的十大干渠之一。杨家河干渠及其支渠、子渠在河套大地编织起一片贯穿黄河与阴山之间的水渠网络，这就是杨家河灌区。杨家河与河套其他九大干渠共同组成了河套灌区。杨家河灌区是杨家主导开辟的，也是河套人民集体智慧的结晶。

一、杨家河开挖的背景

杨家河的开挖是一项水利工程，同时也是在一定的历史背景下的社会工程。杨家河开挖的历史背景主要有：第一，河套开发接近尾声；第二，河套水利面临困境。

（一）河套开发接近尾声

有清以来河套的开发，本来是西部早于东部。河套东部和西部的划分，大致以民国十四年（1925年）临河设治局的五原、临河之界限为依据，即丰济渠以东为东部河套，丰济渠以西为西部河套。河套东部的水利开发始于乾隆初年，阿拉善王爷纳娶清公主，公主"欲治菜园地"，招用农民在乌拉河以西辟地十顷，引水灌溉。清乾道年间杨凤珠在乌拉河畔利用杨家河引水灌田。嘉庆年间甄玉、魏羊在缠金地就河引灌，道光初年开挖缠金渠，是为河套干渠之始。道咸之际甄、魏二人组织四十八家地商扩建缠金渠，接挖长度一百四十余里，口宽五丈。至同治初年，又有八家地商加入，继续联合开挖缠金渠，河套西部的水利开发一派欣欣向荣景象。咸丰年间，商人贺清集资在缠金地开挖刚目渠。可惜同治末年西北回民起义，马化龙残部逃到临河，抢劫运粮船只，致使农业和渠工有所荒废。左宗棠部下镇压回民起义回归途中，留驻兵于缠金地，就食于永济渠，百般搜刮百姓，加上地商争水，械斗不止，致使地商与农户相继外逃，缠金渠进入"中落时代"。②

① 巴彦淖尔市地方志办公室. 五原厅志略[M]. 海拉尔：内蒙古文化出版社，2010：32.
② 陈耳东. 河套灌区水利简史[M]. 北京：水利水电出版社，1988：152-153.

此时河套东部的水利建设逐渐赶上并超过西部。同治六年(1867年)，万德源商号张振达开挖短辫子渠。同治十一年(1872年)，商人侯毛骡(侯双珠)、郑和等开挖长胜渠。同治十三年(1874年)，万德源商号的张振达联合万泰公、史老虎、郭大义组成四大股，重新开挖短辫子渠。光绪初年(1875年)，商人樊三喜、夏明堂、成顺长、高和娃和蒙古人吉尔吉庆合组五大股，共同开挖塔布渠。光绪八年(1882年)王同春独力开挖义和渠。光绪十七年(1891年)王同春集资开挖沙和渠。光绪十八年(1892年)王同春集资开挖丰济渠。[①] 同治初年以至光绪末年，河套的水利开发重心在河套东部。经过几十年的开发，河套从东至西有塔布渠、长济渠、通济渠、义和渠、沙和渠、丰济渠、刚济渠和永济渠八大干渠，河套的开发已接近尾声，只剩下西部最后一片土地，即今天的杨家河附近地区。

(二)河套水利面临困境

在清道光以至清末，河套水利开发形势发展很快，但是因庚子赔款而发生转折。光绪二十八年(1902年)，清政府派遣贻谷督办河套水利，地商开渠的势头跌落下来。光绪二十七年(1901年)清政府被迫与帝国主义列强签订《辛丑条约》，赔偿四亿两白银，本息合计九点八亿两，这就是庚子赔款。清政府为了解决财政危机，决定放垦河套的蒙地，同时收回地商所开私有渠道。光绪二十九年(1903年)至光绪三十年(1904年)，河套地商将八大干渠报效政府，由政府设立的垦务局统一办理河套水利与垦务事项。贻谷强行收回渠道后，由于垦务局没有水利专家，就聘请王同春担任顾问。王同春因没有积极性，多敷衍塞责。据史料记载，贻谷官办水利之后，渠湮地荒，垦务局人不敷出。当然贻谷也作了一些修浚渠道的有益工作，但从整体上说河套水利从此进入一个低落的时期。

由于官办水利的弊端，进入民国之后河套各大干渠采取民户包租。民国元年(1912年)，河套东部的义和渠和沙和渠由王同春的儿子王璟以商人的名义包租，包租期五年。王璟于当年病故，沙和渠委托杨满仓包租，义和渠由王家人维持包租。杨满仓包租的第一个五年情况尚好，第二个五年已经见不到经济效益。王家承包义和渠的第一个五年情况不太好，就由西公旗一带的大地户组织义和社继续承包五年，结果渠道淤塞很多。丰济渠由地商张林泉伙同垦务局委员田全贵、商人王在林组成五大股，先后承包八年，情况尚可。通济渠由地商郭子长包租五年，但不到四年，渠道淤塞不堪，改由地户伙包，渠道继续淤塞，至民国八年(1919年)已不能浇地。长济、塔布两渠，由垦务局原委员于自信假借商人名义承包，由于不懂水利，渠道基本淤塞，自己负债累累，染病去世。垦务局将此二渠委托村社代营，情况继续恶化。永济渠于民国二年(1913年)开始招商承包。该渠灌溉面积大，每年的承租银为一点三万两，由杨茂林包租。杨茂林以水利专家的身份承

---

① 陈耳东. 河套灌区水利简史[M]. 北京：水利水电出版社，1988：50.

包永济渠，取得了不小的成绩，这一时期被誉为永济渠发展史的"中兴时代"。可惜杨茂林无权无势，刚承包三年，承包权就被垦务局职员李兰青、北洋军阀驻地军官王子良所夺，结果导致渠湮地荒。[①]

从光绪三十一年（1905年）至杨家河开挖的民国六年（1917年）的十二三年间，河套的各大干渠经历了私有私营、官办水利及民户包租的变化。贻谷官办水利尽收河套各大私有干渠归公，使地商几十年的资本积累被掠夺一空。以王同春为例，共报效干渠五道，支渠二百七十余道，熟地八千顷，荒地万余顷，房屋十八处，但是仅获得补偿银三点二万两。晚清河套地商的特点是集资自主开渠，再将开渠所得投入开挖新渠，这样就形成了一个水利建设的资金循环。一旦地商的渠地被收归公有，地商既不能为自己的渠道投入，也不能获得高额回报，在某种程度上堵死了地商的生财之道，消解了地商的积极性。官办水利又难以避免官员中饱私囊、损公肥私的弊端。民国以来的民户包租，八大干渠的总体承包情况如前所述，并没有从根本上扭转河套水利的被动局面。这样，在杨家河开挖之前，河套水利就面临两个困境，一是水利管理机制滞后，二是水利建设资金匮乏。河套水利在经历了光绪年间的高潮后，此时处于低落时期。

二、杨家河开挖的准备

杨家河的开挖无论对于杨家人，还是对于民国初期的整个河套人，都是一件非常重大的事业。作为组织者的杨家必须做好比较充足的准备，这是开挖杨家河的前提。杨家河开挖之前的准备工作，主要有思想准备、组织准备、技术准备和物资准备四方面。杨家在这四方面的准备是不平衡的，其中思想准备、组织准备和技术准备比较充足，但物资准备严重不足。在开挖杨家河的过程中，物资不足加大了杨家的思想压力，而杨家依靠坚定的意志、坚强的组织和过硬的技术，最终以惨重代价换来了成功，书写了河套水利史和中国水利史上的不朽篇章。

（一）杨家的思想准备

杨家为什么要开挖杨家河，未开挖杨家河之前的心理状态如何，可以从杨家河开挖的主要负责人杨满仓、杨米仓及杨茂林兄弟身上说明。首先看杨家开发杨家河的原因，其分为客观原因和主观原因。客观原因有二，一是杨满仓承包沙和渠无利可图，二是杨茂林兄弟被剥夺了永济渠的承包权。杨满仓于民国初年（1912年）受王同春委托经理沙和渠，第一个五年经营状况尚好，第二个五年已经无利可图。"迨至民国六年，河曲人杨满仓者，适包办沙和渠失败后，变更思想，另觅途径，转向荒漠之处创立基业。"[②]继续包办沙和渠难见经济效益，促使杨满仓思想变

---

①　陈耳东．河套灌区水利简史［M］．北京：水利水电出版社，1988：81．

②　王文景．后套水利沿革［Z］//中国人民政治协商会议巴彦淖尔盟委员会文史资料委员会．巴彦淖尔盟文史资料：第5辑，1985：106．

化，转向沙漠地带独立创业。民国元年(1912年)杨茂林携众兄弟承包永济渠，"当民国初元，河曲杨君茂林，以水利专家包办永济官渠，因势利导三年，水利大治。嗣为有力者挠夺之，不得竟其所施"①。正当杨茂林兄弟准备在永济渠大展宏图，他们被剥夺了永济渠的承包权，不得不另寻出路。

再看杨家决定开挖杨家河的主观原因。在杨满仓经营沙和渠、杨茂林兄弟承包永济渠之际，在协成以北当长工头儿的杨米仓也在等待时机，跃跃欲试。当时协成至四坝以东的地方都是处女地，遍地野草，一人多高，畜禽粪便盖地一层，土质极为肥沃。一天，薛成士在野外对杨米仓说："这里地多好啊，只要能淌水就能耕种，但挖一条渠可不容易啊！"杨米仓听到这里，正中下怀，眼睛一亮，高兴地说："掌柜的，你放心，挖渠之事包在我身上。"薛成士说："好，你挂我的名挖渠，我大力支持。"②杨米仓与薛成士的草地对话，使杨米仓萌生了在这一带开挖大干渠的想法，而且在整个杨家造成一定的舆论，只要条件成熟，杨家就可能把这种想法付诸实践。

杨茂林在被迫放弃永济渠后，"偕其诸弟春林、文林、鹤林，周历河套。至乌拉河东畔，审度河流，详察土宜，见夫该地泉甘土肥，畇畇膴膴，百里一望沃壤，亟待开辟。慨然兴殖我民族之思，奋臂起曰：欲为我民族开百世之利，为我地方启新造之区，莫如就地开创一绝大规模之渠道，庶几其有济乎？时有尼者曰：先生之志则大矣，其如工大费巨何？茂林蹙然曰：我国人日日言实业矣，殊不知公家无实业，社会有实业；社会团体无实业，社会个人有实业。我辈不言实业则已，若真欲着手实业也，求人不如求己，分任不如独任之为愈也"③。这里虽然有将杨茂林的思想境界放大之嫌，但是杨茂林关于个人举办实业的主张，符合当时河套地区水利开发的思想实际。从清末至民国，由于政府的力量所限，地商和农民一直是河套水利开发的主力军。杨茂林主张开挖杨家河固然主要出于光大门庭的愿望，但同时含有造福一方百姓的愿望，二者是统一的。

杨家河开挖前夕，杨满仓已经年过半百，杨家的事业需要年轻一辈来承担重任。杨茂林是杨家的长兄，他的思想观念在某种程度上能够决定杨家事业的发展方向。但是杨茂林最后下定决心也经历了一个过程。"六年，改租他姓，坐废半途，气顿沮。是时也，春、鹤两弟进曰：我兄弟以殖民为志，当求其大者远者，欲独立一帜，莫如以全力开辟杨家河，子可谋百世利，毋宁俯倚官府为生活。茂林蹙然曰：杨家河工大费巨，恐非我兄弟所能任。春林、鹤林曰：吾辈作事所凭者信用，所恃者精神，愚公移山，精卫衔石，同心自克济，有志事竟成，何自馁

---

① 巴彦淖尔市地方志办公室．临河县志[M]．海拉尔：内蒙古文化出版社，2010：200．
② 陈耳东．如何看待杨家河的历史定位[C]//王建平．河套文化论文集[M]．呼和浩特：内蒙古人民出版社，2006：248．
③ 巴彦淖尔市地方志办公室．临河县志[M]．海拉尔：内蒙古文化出版社，2010：200-201．

为？于是茂林奋袂起，偕同春、鹤两弟，计划全局……"①杨茂林是当时闻名河套的水利专家，以他的经验和眼光，看到了杨家河的工程之巨，产生了犹豫情绪。这时陪伴在他身边的老二杨春林、老五杨鹤林用愚公移山、精卫填海的精神激励他，使他最后坚定了意志。这样，杨家实现了思想上的统一，全家义无反顾地凝聚在开挖杨家河的事业上面。虽然杨家在杨家河开挖之前下定了河不开成誓不休的决心，但是工程的艰巨远远超出了他们的预期，开河的整个过程杨家都背负着巨大的精神压力。

（二）杨家的组织准备

开挖杨家河这样的巨大工程，必须由一个高效、坚强的组织来领导实施，而杨氏家族本身就是这样的一个组织。杨氏家族在开挖杨家时的组织系统，首先是杨满仓与杨米仓两大家庭的组合以及在此基础上的分工合作。

首先看杨满仓与杨米仓两大家庭如何组合成开挖杨家河的组织。《内蒙古河套灌区解放闸灌域水利志》写道："杨米仓长大后随父兄全家由五原蔡家地搬到磴口县八乡永成泰居住。眼看着其兄（杨满仓）到五原王同春家打工受苦，又当了工头，自己也到居住在磴口协成以北的地商薛成士家卖苦力，后被指定当了长工头。"②杨米仓先是跟着兄长杨满仓在王家打工，后来到磴口协成薛家当长工，并且之后也当上了长工头。杨米仓六个儿子中的杨春林、杨铎林、杨鹤林，和杨茂林、杨文林一起跟随杨满仓挖渠、学习挖渠治水经验。杨满仓在光绪十七年（1891年）王同春主持开挖沙和渠时成为渠头，到光绪二十四年（1898年）就自己承租土地五六百亩，其承租的土地应该是沙和渠灌域的土地，其居住地应该还在五原一带。到光绪二十六年（1900年）杨满仓的家又搬到临河份子地。从杨谦、杨万定居河套至杨家河开挖之前，杨家似乎一直没有分家，即经济上是统一核算和开支的。虽然杨满仓和杨米仓先后分别组建了家庭，但是家业、事业是一体的。在杨家河开挖之前，杨满仓与杨米仓这两个家庭，杨满仓居住在临河份子地，杨米仓居住在磴口协成，一居杨家河东部的永济渠一带，一居杨家河西部的乌拉河一带。从杨家河的地理位置看，今杨家河灌域紧紧挨着乌拉河灌域，杨米仓对这一带的地势地貌非常熟悉，也看准了在这一带开一条大干渠的意义。正是在杨米仓父子的倡导和推动之下，杨满仓与杨茂林终于下定了最后决心。这样就形成了杨满仓与杨米仓两大家庭合力开挖杨家河的局面。

其次看杨氏家族在开挖杨家河时的分工。杨满仓与杨米仓两大家庭各有自己的特点和优势。杨满仓是当时河套水利的元老级人物，具有丰富的水利实践经验和技术，杨茂林是当时河套水利的中坚人物，父子的性格比较沉稳，所以杨满仓

---

① 巴彦淖尔市地方志办公室. 临河县志[M]. 海拉尔：内蒙古文化出版社，2010：238.

② 内蒙古河套灌区解放闸灌域管理局. 内蒙古河套灌区解放闸灌域水利志[M]. 呼和浩特：内蒙古地矿印刷厂，2002：373.

家庭以技术见长，以静制胜。杨米仓在水利实践的经验和技术上比不上兄长杨满仓，但是比较有眼光，看问题比较独到，父子性格比较灵动，所以杨米仓家庭以头脑见长，以动制胜。杨满仓与杨米仓家庭的不同性格，决定了他们在开挖杨家河时的不同分工。杨满仓是杨家河开挖之初的总设计师和总工程师、总指挥，负责工程整体布局、渠线渠路和解决工程技术难题。杨茂林是杨家河开挖之初的实际总指挥，主要负责工程的施工和技术问题。杨米仓及杨春林、杨鹤林父子在杨家河开挖之初相当于副总指挥和外联部长，主要负责协调组织、对外联络和资金筹措。当然这种分工是相对的，在重大事情上面，往往是几个人一起出面协调，大家共同商量解决问题。杨家是山西传统的农民出身，在家族事务上遵循尊重兄长的原则，所以在杨家河开挖之初，作为众男之长的杨茂林是实际的组织者和领导者。在杨茂林去世之后，杨春林就接着承担领导家族事业的责任。杨茂林和杨春林是杨家河开挖过程中"林"字辈的主要代表，此外，杨文林、杨铎林、杨鹤林等也发挥了较大的作用。

(三)杨家的技术准备

杨家河开挖之际，河套的科学技术非常落后，农民自发组织的水利建设，完全依靠多年的水利实践经验的积累。就杨家河开挖的技术而言，杨家基本上能够满足开挖杨家河的需要。杨家的技术准备，可以分为长期技术积累和开挖前夕的技术攻关。

首先看杨家的长期技术积累。从杨满仓投入郭大义主持的老郭渠开始积累水利经验和技术，直到杨家河开挖前夕的民国六年(1917年)，杨家水利实践已达四十余年。但是目前的文献资料很少直接描述杨家前期的水利技术，我们只能以王同春的水利技术为参照，来推论杨家的水利技术方面的积累。杨家与王同春的交往长达五十余年，几乎贯穿了河套的近代水利史。王同春是近代河套的主要开发者，是近代河套首屈一指的水利大家，杨家深受王同春的影响。杨满仓在十五六岁时就到郭大义的老郭渠当渠工，彼时的渠头正是王同春。光绪七年(1881年)王同春主持开挖义和渠，杨满仓在义和渠的工地上逐渐从一名底层渠工成长为一名技术骨干。光绪十七年(1891年)杨满仓成为王同春开挖沙和渠的渠头，为沙和渠的修成立下了汗马功劳。民国初年(1912年)开始，杨满仓受王家委托包办沙和渠十年。杨满仓还将子侄杨茂林、杨春林、杨文林等人送入王同春的"同兴号"当学徒，由此可见杨家与王同春的关系非同一般。可以说在开渠治水上，王同春是杨家的引路人，而杨家则是王同春事业的继承者。

王同春的开渠治水经验和技术，主要有以下几个方面：第一，察地势、识天时、辨土壤、谙水性的技术。王同春掌握了河套总地势西南高、东北低的特点，这样他成功从黄河开渠引水灌溉河套万亩农田。王同春注意观察自然现象，能从老鼠洞口的土壤湿度判断是否适宜开渠，能辨别不同田地的土壤宜种什么作物。王同春谙熟黄河水性，摸索出水流运动的规律，能灵活运用到开渠治水的实践中。

第二，选择渠口的技术。黄河自道光年间改道以来，自渡口至西山嘴，流向从西北转向东南，形成弧形大湾，以王同春为主要开挖者的八大干渠，在黄河上的开口不易淤澄，主要得益于：一是八大干渠引水的科学总布局，即引水方向大致与黄河成六十度向下倾斜；二是利用河湾的环流作用，直接在坐湾处引水或利用倒漾水。第三，渠道退水的技术。王同春在划定渠线时都考虑到退水的出路，一般都推到沙海子或者乌加河及乌梁素海，形成"上引下拉"的水力冲刷系统。王同春利用乌加河作为河套各大干渠总退水渠的安排，使河套各大干渠不容易荒废，为河套的灌溉系统奠定了基础。第四，测量地形的技术。王同春在实际中探索出一套测量地形的技术。他在雨天时冒雨外出观察地面径流的流转方向，作为判断地势高低和测量渠道的参考。王同春利用"三盏灯"法测量地势高低，夜间命人在地上点几盏灯，居高观望灯火的高低，以确定地势高低，并打桩标记，以决定开渠的路线。王同春利用"十柳筐"法，用十个涂成白色的柳筐挂在登高的竹竿上，竹竿立于地面作为标志，以确定开渠的坡度和取土的深度。第五，坐堰坐坝的技术。王同春在实践中摸索出遏水坝、顺水坝、截水坝、堵水坝、迎水坝、防水坝、沿河坝、活水坝等八种坐坝方法，并且掌握高超的打坝、堵口技术。①

王同春是河套水利事业的分界线，从王同春开始，河套水利的开发才建立在较为坚实的技术基础之上；从王同春开始，开渠治水的技术才在河套水利开发中发挥出巨大的作用；从王同春开始，河套才涌现出了一批水利专家。虽然这些水利专家的文化水平较低，大多没有受过正规的专业教育，但他们从实践中摸索和总结出来的经验和技术，引导了河套五十余年的水利开发实践。王同春的水利技术既是他个人的财富，也是河套人民与河套水利事业的共同财富。王同春在开渠治水的实践中，培养和带动了一批水利专门人才，而杨家因为和王家的特殊关系，从中学习和继承的技术实较一般人为多。在民国初年，杨家已经具有较高的社会知名度，是河套公认的水利世家。杨茂林在民国初年以水利专家的身份承包河套第一大干渠永济渠，靠的是杨家较高的社会美誉度和过硬的水利技术，《临河县志》说："（永济渠）包商杨君茂林，为水利专家，精心果力，能衍王氏浚川之传而参其变。"②父亲杨满仓和王同春是杨茂林的师傅，杨茂林在独立承包永济渠的三年中不但充分利用了从王同春学到的技术，而且难能可贵的是根据实际情况"参其变"。晚清民国时期，由于王同春的社会知名度非常高，政府官员、地理学家、历史学家对河套水利人才的关注主要集中在王同春身上，而很少兼及其他人，这是那个时代的历史特点决定的。其实，就杨家河开挖之前的河套水利技术而言，杨满仓和杨茂林父子都堪称当时的水利大家。

---

① 王晋生，王继祖，王绵祖，等．引黄垦殖的开拓者王同春[M].呼和浩特：内蒙古人民出版社，2005：248-252.

② 巴彦淖尔市地方志办公室．临河县志[M].海拉尔：内蒙古文化出版社，2010：197.

再看杨家河开挖前夕的技术攻关。杨家虽然已经有四十余年的开渠治水经验，但毕竟独立开挖大干渠是第一次，必须精心策划才可以付诸实践。为此，杨家做了两件事情，一是对杨家河工程进行整体规划，二是邀请王同春确定杨家河渠线。杨家对杨家河的规划包括实地勘测和理论论证两个方面。早在决定开挖杨家河之前，杨家就考察过今杨家河流经地区，杨茂林"偕其诸弟春林、文林、鹤林，周历河套。至乌拉河东畔，审度河流，详察土宜"。① 在决定开挖杨家河之后，杨茂林"偕同春、鹤两弟，计划全局，悉心测勘，虚衷延访，参合高下、顺逆之势，推求循环往复之宜。其有合者，当机决之。其不合者，面壁而冥默，绕室而旁皇，甚至登高远眺，临河兀立，渺乎若思，忙乎若迷，及其有得也，则有豁然贯通狂喜累日者"。② 杨茂林携弟杨春林、杨鹤林一边实地考察，一边讨论渠线走向，在遇到几人意见一致时当机决断，在遇到几人意见不一致时杨茂林继续苦思冥想，直到得出合理的结论。杨家除了"周巡测勘"外，为了使做出的判断更加科学，又"延请各水利名家往复辩论，以折其中"③，即邀请河套水利名家进行论证。以杨满仓和杨茂林在河套水利界的资历，以及杨家河这个特大水利工程的魅力，河套水利名家都献计献策，帮助杨家规划全局，其中应该少不了王同春。王同春对开挖杨家河最大的贡献在于帮助杨家测定和确定杨家河渠线。民国五年（1916年）秋，杨满仓、杨米仓兄弟出面邀请王同春前来帮助勘定渠线，已经年近七旬的王同春毅然出山，给予杨家事业最大支持。杨家与王同春一行或者骑马，或者乘车，或者步行，历时一个多月，用借观星辰辨方向、夜悬马灯定高低等办法定出渠线。借观星辰辨方向，就是在晚上进行渠线测量，借助月亮和星星辨别方向。夜悬马灯定高低，就是每二里竖一木杆，夜挂马灯，以测地形高低。④ 这样经过月余的测量，杨家河的渠口和渠线最终确定，杨家完成了开挖杨家河前的最后技术攻关。需要指出的是，杨家河这个浩大的水利工程，虽然是杨家一家独力开挖的，但是实际上凝聚了河套近代以来五十余年的治水经验和智慧，是河套人民集体智慧的结晶。

（四）杨家的物资准备

开挖杨家河这样的宏大工程，充足的物资准备是前提条件。但是根据杨家河开挖之后的实际情况来看，杨家的物资准备显然严重不足。杨家为开杨家河的物质准备主要有器具、粮食和资金。"时在民国五年冬，预筹渠工粮款，备购器具"⑤，开挖的前一年即民国五年（1916年）冬天，杨家就开始张罗开渠所需的渠工

---

① 巴彦淖尔市地方志办公室．临河县志[M]．海拉尔：内蒙古文化出版社，2010：200．
② 巴彦淖尔市地方志办公室．临河县志[M]．海拉尔：内蒙古文化出版社，2010：238．
③ 巴彦淖尔市地方志办公室．临河县志[M]．海拉尔：内蒙古文化出版社，2010：201．
④ 陈耳东．河套灌区水利简史[M]．北京：水利水电出版社，1988：179．
⑤ 巴彦淖尔市地方志办公室．临河县志[M]．海拉尔：内蒙古文化出版社，2010：201．

食粮、工资和开渠的各种器具。粮食和器具主要是"藉在沙和渠所存之粮食什物"①，即杨满仓在承包沙和渠时"十年生聚"所积累的资本。杨满仓在承包沙和渠时积累了多少资本呢？是一万石糜子。这几乎就是杨家的全部家当，仅仅可以解决几千渠工的日常吃饭问题。至于现银，杨家非常缺乏，只能依靠外借。当时的河套经济实力比较强大的是教会和王同春，杨家向陕坝、胜家营子、黄杨木头、乌兰淖、新堂、蛮会以及磴口等教堂借贷大批工款，同时也向王同春借了钱，共得开渠经费银五万元。② 我们知道杨家河干渠和支渠开挖共费银七十余万两，以杨家河开挖之初的资金准备，按照正常的规律是不可能支撑下去的，但杨家在杨家河开挖之后不断借款、不停还款，在内外交困中坚持了十年，终于使杨家河展现在河套大地，这不能不说是杨家创造的一个奇迹。

总之，从杨家河开挖之前的准备可知，杨家在思想准备、组织准备、技术准备和物资准备四者的充分程度方面是有差别的，对工程的影响也是不同的。从思想准备上看，杨家开挖杨家河的决心非常大，这一点毋庸置疑。但是杨家河工程的艰巨性远远超过了杨家的预期，这样在杨家河开工之后，一方面是不管千难万苦，杨家河工程一直在继续；另一方面是杨家自始至终背负着沉重的精神负担。从组织准备上看，杨家建立起高效的组织机制和坚强的领导核心，能够使杨家在不利因素下发挥集体的作用，互相支持配合，扭转危局。从技术准备上看，杨家长期的技术积累和开工前的技术攻关，基本上可以应对杨家河开挖过程的技术问题，这也为杨家坚持杨家河工程增加了砝码。从物资准备上看，资金不足是杨家河工程的最大难题，为了解决资金问题，杨家大量举借外债，为了弥补资金空缺，杨家甚至付出了生命的代价。杨家河工程就像一块跷跷板，一头是工程的艰巨和资金短缺，一头是杨家的决心和团结，在整个杨家河施工过程中，跷跷板的两头基本能保持平衡，这正是杨家开成杨家河的意义所在。

三、杨家河开挖的过程

杨家河开挖的过程既是惊心动魄的，也是催人泪下的。作为杨家河开挖的组织者和出资者，杨氏家族以付出五人生命的代价换来了杨家河灌区的问世。杨家开挖杨家河的故事在河套百姓中口耳相传，时至今日依然有不少杨家的钦佩者与研究者，这说明历史永远不会忘记对人民做出贡献的人。从民国六年（1917 年）至今，杨家河开挖已经百年，在杨家河开挖百年纪念之际，重温百年前杨家带领河套农民开挖杨家河的过程，会进一步拉近历史与现实之间的距离，也会让我们从过去中追寻到今天的某种意义。

---

① 　王喆．后套渠道之开浚沿革[Z]//中国人民政治协商会议内蒙古自治区委员会文史资料研究委员会．内蒙古文史资料：第 36 辑　王同春与河套水利．呼和浩特：内蒙古文史书店，1989：163.

② 　陈耳东．河套灌区水利简史[M]．北京：水利水电出版社，1988：179-180.

开挖杨家河的过程主要包括协调渠地关系和开挖杨家河两个步骤。协调渠地关系虽然所占时间甚少，但却是开挖杨家河的前提，如果不能解决复杂的渠地关系，顺利承包到土地，就不可能在这片土地上开挖杨家河。而只有开挖杨家河，才能使这片土地得到灌溉，土地的价值才能得到真正利用。

(一)杨家协调渠地关系

今日的杨家河是一条贯穿黄河与阴山之间的河套南北动脉，全长一百四十余华里，其流经地区基本都在杭锦后旗境内。但是在清末民初，杨家河灌区的土地关系非常复杂，不同地段的土地控制权分别属于不同的主体。杨家当时要挖杨家河，必须和不同地段的土地实际控制者协调，达成租地合同，这样才能让杨家河贯通无碍。杨家协调杨家河灌区在开辟之前的渠地关系，有两个关键点，一是解决教堂实际控制区的渠地关系，二是解决蒙旗实际控制区的渠地关系。首先看杨家河开挖之前杨家河灌区的地权关系。我们知道，河套在清代末期放垦之前是蒙民的游牧之地，当时地商要在河套开渠，首先是取得土地的承包资格，他们往往与蒙旗王爷私订租地合同，获得土地的承包权。光绪三十一年(1905年)前后，政府在各蒙旗推行报垦和放垦政策，河套八大干渠收归官有，由政府设立垦务局统一招租。当时河套黄河以北的蒙旗大部分土地，在所有权上归蒙旗王爷，在经营和管理权上则政府的作用大一些，总之是由中央和地方共同掌握着领土主权。但是也有一部分土地实际上被外国教会势力所控制，这片土地就是达拉特旗黄河以北的土地。1840年鸦片战争以后，随着西方列强的入侵，中国逐渐沦为半殖民地半封建社会。在此过程中，西方教会逐渐在中国扩张势力，当时教民与一般百姓发生矛盾纠纷，往往酿成教案。在因反洋教而兴起的义和团运动中，达拉特旗的蒙汉人民也掀起了反洋教斗争，结果随着义和团运动的失败而失败。义和团运动失败后，八国联军逼迫清政府签订《辛丑条约》，向中国索赔巨额白银，这就是"庚子赔款"。达拉特旗不得不向天主教会赔偿，天主教会强加在达旗人民身上的赔款是三十七万两白银，达拉特旗用尽全力筹集二十三万两，还剩十四万两只好以渠地做抵押。《绥远通志稿》说："庚子教案发生，达旗因赔款故以全部地渠抵银十四万两。自光绪三十年外人接管后，渠之两岸，教堂逐渐增多，有陕坝、蛮会、大发公、玉隆永、圣家营、乌兰淖、丹达木头七所。其后丹达木头教堂取消，又增三道桥、黄杨木头二所。"[1]达拉特旗抵押给天主教会的渠地是黄土拉亥全部渠地一千四百顷，实际教会霸占的土地不止此数。[2]黄土拉亥河即今日的黄济渠，位于永济渠与杨家河之间，以今天的渠道位置，自东向西分别是永济渠、黄济渠和杨家河。永济渠以西至黄济渠以东的土地基本在达拉特旗的范围之内，而黄济渠以西的土地则基本在杭锦旗范围之内。"光绪三十年，杨商包地，经达拉特旗赔予教

① 绥远通志馆．绥远通志稿：卷四十(上)：水利[M]．呼和浩特：内蒙古人民出版社，2007：607.
② 巴彦淖尔市地方志办公室．临河县志[M]．海拉尔：内蒙古文化出版社，2010：199.

堂，杭锦旗地，又同时租给本渠，从此为教堂所有。"①黄济渠本来流经达、杭两旗，渠之两岸附近为杨氏包租地。天主教堂在霸占黄济渠东土地外，同时获得了黄济渠西土地的承包权，并且在杭锦旗范围内广建教堂，发展教民，开垦土地。当时杨家河尚未开挖，如果以开挖后的地理位置看，杨家河东岸的部分土地名义上是教会向杭锦旗包租，实际上被教堂控制，杭锦旗仅控制东岸的部分土地。杨家河西岸南部的土地，当时属于宁夏磴口管辖，西岸中部及以下土地归杭锦旗管辖。杨家河开挖之前沿岸的地权关系大致如此。由于天主教会的霸占，限制百姓自由开发，所以清同光以来河套西部的开发晚于河套东部的开发。具体到杨家河灌区，因为地权关系错综复杂，如果不能协调好各方关系，就不能顺利获得这片土地的承包权，开渠就是一句空话。因为不能合理解决渠地关系，所以杨家河灌区一直没有开出一条大干渠。机遇总是留给有准备的人，开挖杨家河的任务落在了杨家身上。

　　针对杨家河两岸复杂的地权关系，杨家采取不同的办法协调解决。杨家河西岸南部的土地，由杨米仓出面通过薛成士与磴口方面协调。当年杨米仓与薛成士有一段草地对话，薛成士承诺大力支持杨米仓挖渠，薛成士履行了诺言。杨家河灌区的东岸土地，属于杭锦旗户口地和天主教堂的势力范围，由负责对外联络的杨春林设法沟通。当时河套地区的天主教属于宁夏教区，三盛公教堂是河套地区的所有教堂领导枢纽。杨春林先同天主三盛公教堂比利时籍邓德超神父交涉，教会也愿意借机开渠开荒，发展教徒扩展势力。这样杨家与天主教会签订协议，渠开成后的教堂租地，淌水后百分之三十的过水地给教堂做堂口地。堂口地就是由教堂招纳教民租佃的土地。当时河套地区的教堂拥有大片土地，这些土地以比较廉价的地租租给教民耕种，以此来吸引更多的人加入教会。杨春林又和杭锦旗官府约定了租地条款，规定每浇百亩丈青地，杨家向杭锦旗交地租银二十四元。② 杭锦旗需要粮食和钱，杨家开渠正好能满足其需要。这样杨家河两岸的地渠关系得到顺利协调，杨家解决了河套水利史上的一个难题。协调这种复杂的利益关系，需要对有关各方的心理了如指掌，需要高明的谈判艺术，杨家做到了其他人做不到的事情，显示出了不同凡响的能力与智慧。

（二）开挖杨家河的过程

　　杨家河是河套的十大干渠中长度、流量和灌溉面积较大的一条，杨家两代人前赴后继，历经十年，终于挖成杨家河主干渠。从民国六年（1917 年）至民国十六年（1927 年）中，杨家河的开挖先后经历杨满仓、杨茂林和杨春林主持阶段。杨满仓在杨家河开工不久即卧床不起，实际指挥者就落到杨茂林身上，直至民国十五年（1926 年）初去世，可以说杨茂林是开挖杨家河的核心人物。杨家河干渠和主要

---

① 　绥远通志馆 . 绥远通志稿：卷四十（上）：水利［M］. 呼和浩特：内蒙古人民出版社，2007：661.
② 　陈耳东 . 河套灌区水利简史［M］. 北京：水利水电出版社，1988：179.

支渠、绝大部分子渠都是杨家出资，此外还有一些支渠和子渠是由民户出资或者集资挖成，所以杨家河是以杨家为主体的河套先民的共同创造。

民国五年（1916年）秋，杨家与王同春共同勘定了杨家河渠线，决定废弃杨家河口，在黄河杭锦旗马场地新挖渠口，自杭锦旗甲登巴庙至哈拉沟后分为两支，一支经澄泥圪卜及三淖河退入乌加河，一支经哈拉沟、白柜入乌加河。[①] 民国五年（1916年）秋冬之际，杨满仓家庭与杨米仓家庭分别从临河和磴口来到二道桥（杨柜）。民国六年（1917年）春，杨家河工程正式开工。杨家河从黄河北岸的毛脑亥口动工，因这一地段是卵石层地质构造，黄河河槽比较稳定。[②] 具体开口处由王同春选定，开口共有两次，第一次水流不畅，第二次水流大畅。[③] 开渠的劳力主要从晋、陕地区的河曲、保德、偏关、府谷、神木等县以及冀、鲁、豫等省逃来的难民中招雇。杨氏把渠工编成班，每天出十二班，最多四十班，每班二十至三十人。[④] 工程总负责人杨满仓在开工不久后，因年老体衰和精神压力过大而瘫痪卧床。杨满仓丰富的开渠治水经验和技术是无人能够替代的，虽然瘫痪在床，但是神智清楚，尚能继续指导子侄开渠。开渠离不开实地指挥，必要的时候，杨满仓由人背负躺入轿车之中，亲临施工现场。[⑤] 这样就由杨茂林执掌渠务，由杨春林协助杨米仓分管资金筹措事宜。[⑥] "茂林先生躬亲督工，往来督课指挥，夙夜无稍息。乃弟春林、文林、鹤林，分段监视，披星而作，戴月而息。"[⑦] 经过六个月的艰苦劳动，渠道通至乌兰淖，共挖生工四十余华里。此段渠宽十米，深二点五米。为了及早受益，接着开挖了乌兰支渠（中谷儿渠、中官渠），长九百丈，宽二点四丈，深五尺。开挖配套子渠三十八道，放水灌溉乌兰淖及南红柳地（今头道桥民丰一带），以期利用所得水租继续投资开渠。但由于上段高亢，水流不畅，浇地有限，收租不多，远补不起数万耗资。因续建资金缺乏，遂又与陕坝天主教堂商洽。结果按其苛刻条件，将教堂得利比例由百分之三十提高到百分之五十，才得到贷款，继续开挖。[⑧]

民国七年（1918年），挖至哈喇沟（今头道桥联增一带），将干渠新工临时接入

① 王喆. 后套渠道之开浚沿革[Z]//中国人民政治协商会议内蒙古自治区委员会文史资料研究委员会. 内蒙古文史资料：第36辑 王同春与河套水利. 呼和浩特：内蒙古文史书店，1989：163.

② 内蒙古河套灌区解放闸灌域管理局. 内蒙古河套灌区解放闸灌域水利志[M]. 呼和浩特：内蒙古地矿印刷厂，2002：81-82.

③ 杨家宙口述，2016年8月。杨家宙，1947年生，杨满仓之孙，农民。

④ 《巴彦淖尔盟志》编纂委员会. 巴彦淖尔盟志[M]. 呼和浩特：内蒙古人民出版社，1997：1670.

⑤ 马俊文口述，2015年8月。马俊文，1929年生，杨茂林孙女婿，退休干部。

⑥ 内蒙古河套灌区解放闸灌域管理局. 内蒙古河套灌区解放闸灌域水利志[M]. 呼和浩特：内蒙古地矿印刷厂，2002：81.

⑦ 巴彦淖尔市地方志办公室. 临河县志[M]. 海拉尔：内蒙古文化出版社，2010：201.

⑧ 内蒙古自治区杭锦后旗编纂委员会. 杭锦后旗志[M]. 北京：中国城市经济社会出版社，1989：167.

大沙沟，并派渠工随水疏通大沙沟被风沙淤塞段落，以利用水的深沟冲刷力量开扩渠道。这种以水代工的办法，减少了不少人工开支。杨满仓躺在病床上指点其子茂林用"川"字形浚河法施工，开挖渠道十五六里。此法原由黄河下游河道总督靳辅在康熙十六年（1677 年）首先采用，即在渠道中线的两侧，各挖成一条小渠，中间留一隔墙，利用水的冲力淘去隔墙，冲宽两侧，以成大渠。杨满仓的"川"字法，虽然不是历史上第一次使用，但在当时的河套是一个创造，说明这时杨满仓的开渠技术已达炉火纯青的境界，可以化解开挖过程中的各种难题，这是杨家河工程的有力保证。接挖干渠的同时，杨家投入白银一千六百余两开挖黄羊木头支渠，渠长三百四十丈，宽二丈，深五尺。开挖子渠十六道，用于浇灌黄羊木头及召滩（今乌兰乡先锋村）一带土地。由傅兰罗个人投资白银四百余两，开挖傅兰罗支渠，以灌溉准格尔堂（今杭锦后旗查干）一带土地。[①]

民国八年（1919 年），干渠挖至杨柜（二道桥）大坝附近，将沙沟作为杨家河的天然退水渠。杨家又投入白银二万二千余两开挖陕坝支渠。陕坝渠长六千三百丈，宽二丈，深五尺。截至民国十年（1921 年）共挖配套子渠二十三道，以灌溉二道桥东及刹台庙等土地。另由地商和佃户集资，在干渠东开挖了王根根支渠、小东边支渠、郝二老汉支渠、刘高保支渠、王四支渠、王银坑支渠、朱二其支渠、高长林支渠、吕四石支渠、尹喜支渠、白官保支渠、张大喜支渠等十五道小支渠，初步解决了干渠东哈拉沟至杨柜以南，干渠西吕四圪旦、尹喜圪旦、白官保圪旦、张大喜圪旦杨柜一带土地的灌溉问题。[②] 这一年杨家河开至杨家总柜所在地二道桥附近，工程已经过半，杨家也面临越来越多的挑战。"是年，渠水不旺，收益奇绌，兼以地方迭遭匪祸兵灾，市面凋敝，金融无可周转，渠工亏款万余元，工人五六百名踵门日责索，汹汹不可解势，频殆矣。先生举全家之衣物、簪珥、牲畜、器具变价偿还工赀，不足又重息，称贷息而补之。"[③]杨家河已经放水灌地的水租不足以支付开渠工款，杨家不得不变卖家产和妇女首饰，还不够支付，又不得不向大户和教堂高息贷款，"为地方兴利，不惜毁家以纾难"。[④]

民国九年（1920 年），杨春林将个人积蓄白银三点二万余两投入工程，开挖了老谢支渠及其子渠四十一道，初步解决了刹台庙至老谢圪旦一带的土地灌溉问题。老谢支渠长一万八千丈、宽二丈、深半丈。杨家利用农户渠款白银五万多两，开挖了东边渠支渠及子渠七道，初步解决了捉壕、杨二旦一带土地的灌溉问题。另外，杨毛匠、田骡驹、郭启世、沈存子以及西圪卜大臣等人共投资白银三千六百

①　内蒙古河套灌区解放闸灌域管理局. 内蒙古河套灌区解放闸灌域水利志［M］. 呼和浩特：内蒙古地矿印刷厂，2002：82.

②　内蒙古河套灌区解放闸灌域管理局. 内蒙古河套灌区解放闸灌域水利志［M］. 呼和浩特：内蒙古地矿印刷厂，2002：82-83.

③　巴彦淖尔市地方志办公室. 临河县志［M］. 海拉尔：内蒙古文化出版社，2010：201.

④　巴彦淖尔市地方志办公室. 临河县志［M］. 海拉尔：内蒙古文化出版社，2010：201.

多两，开挖了杨毛匠支渠、田骠驹支渠、郭启世支渠、沈存子支渠和大臣支渠等支渠，初步解决了田骠驹圪旦、郭家台子附近、沙罗圈南沈存子圪旦及挪子亥城附近土地的灌溉问题。

民国十年（1921年），因鼠害严重，水租、地租收缴数量减少，出现了渠工工资和债息两亏的困难局面。杨家无奈，只得将干渠工程进度放慢，优先开挖支渠，尽快扩大灌溉面积，千方百计增收水费地租，确保干渠的开挖工程继续进行。其间，杨家投资白银两万八千余两，开挖了陕坝支渠、西渠支渠及其配套子渠三十三道；赵拴马投资白银五百两，开挖了赵拴马支渠；天主堂投资白银两千三百多两，开挖了两道天主堂支渠；王外生投资白银一百七十多两，开挖了王外生支渠；塔侯仁投资白银五千多两，开挖了塔侯仁支渠及其配套子渠三道；李留所投资白银一百多两，开挖了热水圪卜支渠；赵连奎投资白银一千多两，开挖了赵连奎支渠；马仁投资白银三百多两，开挖了马仁支渠；福茂西投资白银两千多两，开挖了福茂西支渠及其配套子渠三道；周义长投资白银两千多两，开挖了周义长支渠及其配套子渠二道；樊毛四投资白银三百多两，开挖了樊毛四支渠；苏黑郎投资白银四百多两，开挖了苏黑郎支渠。①

民国九、十两年是杨家河开挖异常艰巨的两年。"九年，遭黄虫灾，霉烂殆尽。十年，收成奇绌，浩浩大工，进行无赀，中止不能，如登山者阻中道，巉岩莫攀，如涉海者陷中流，危舵欲折。借非有坚忍性、贞毅心，何克渡此难关！语云：打牙和血吞。又云：竖起脊梁立定脚。此之谓也欤？"②面对鼠灾严重，水租、地租少，挖渠工资和债息两亏的危局，杨氏举家坚定意志，将干渠工程放缓，侧重开挖支渠，扩大灌溉效益，坚持不使渠工停顿。这两年，工人为逼要工资，常常罢工，成群结队跑到杨家夺饭盆，抢饭碗，杨家人连一顿好饭都吃不上。③ 工人为了讨要工资，甚至绑架过杨鹤林。④ 为了应对工人讨薪的被动局面，负责工款的杨春林不得已想出一个应急的计策：编造自己因给工人开不了工资，被逼上吊自杀死了，并且假设灵堂，以拖延支付工钱时日。开渠工人看到杨家发生不幸，就答应杨家延期付资的请求。杨云林后来回忆说：其实杨春林并没有死，是要吓呼工人而采取的缓兵之计，是不得已而"诈死"。杨茂林力挽狂澜，向蒙古王爷借了一千多匹马，发放给民工，这才有了"河南侉侉，来时背个杈杈，回时骑个马马"的佳话。⑤ 这两年杨家除继续向天主教堂借款外，还得到贾八宝的热心赞助，工程

---

① 内蒙古河套灌区解放闸灌域管理局．内蒙古河套灌区解放闸灌域水利志[M]．呼和浩特：内蒙古地矿印刷厂，2002：83-84.

② 巴彦淖尔市地方志办公室．临河县志[M]．海拉尔：内蒙古文化出版社，2010：201.

③ 邱换口述，2015年8月。邱换，1935年生，农民。

④ 杨家恒口述，2016年8月。杨家恒，1952年生，杨米仓曾孙、杨鹤林之孙，农民企业家。

⑤ 陈耳东．如何看待杨家河的历史定位[C]//王建平．河套文化论文集（四）．呼和浩特：内蒙古人民出版社，2006：248.

才得以维持。①

民国十一年(1922 年)，干渠开至蛮会退水渠。② 刘高保投资白银两千多两，开挖了刘高保支渠；刘启世与张温于集资白银八千多两，完成了刘启世支渠及其配套子渠五道；花户集资白银三千五百多两，开挖了西边渠支渠及其配套子渠四道；杨胡栓投资白银三百多两，开挖了杨胡栓支渠；刘四明眼投资白银三百多两，开挖了刘四明眼支渠；魏桂元投资白银一百五十多两，开挖了魏桂元支渠；宋铜投资白银六百两，开挖了宋铜支渠；翟二投资白银一千多两，开挖了六八支渠及其配套子渠三道。③ 这一年，杨米仓由王爷地(今磴口县境)大生号借钱回家，受劳病故，时年五十三岁。④ 杨米仓是第一位为杨家河开挖事业献出生命的杨氏族人。

民国十二年(1923 年)，干渠开至三淖梢退水渠。⑤ 胡达赖投资白银五千多两，开挖胡达赖支渠及其配套子渠三道；白乔保投资白银两千多两，开挖了白乔保支渠及其配套子渠二道；魏凤岐投资白银九百多两，开挖了魏凤岐支渠；康善人投资白银三百多两，开挖了康善人支渠及其配套子渠一道。⑥ 这一年，杨满仓因积劳成疾，不久去世，时年六十四岁。杨氏弟兄承父辈遗志，继续开工挖渠不止。⑦

民国十三年(1924 年)，杨家投资白银两万八千余两，完成了三淖支渠及其配套子渠七十多道，初步解决了甲登巴庙至白脑包一带土地的灌溉问题。三淖渠长一万二千余丈，宽三丈，深半余丈。王善人投资白银三百多两，开挖了王善人支渠及其配套子渠一道；刘喜红投资白银五百多两，开挖了刘喜红支渠。

民国十四年(1925 年)，杨家河干渠挖至三道桥附近。杨家投资白银八万余两，使民国十一年(1922 年)开工的蛮会支渠及其配套子渠七十三道的工程胜利竣工。

民国十五年(1926 年)，干渠挖至王栓如圪旦接入乌加河。⑧ 王留投资一万多元，开挖了王留支渠及其配套子渠九道；李三和投资白银三千六百多两，开挖了李三和支渠及其配套子渠三道；王栓如投资白银一百多两，开挖王栓如支渠；谦德西(杨家)投资白银一百多两，开挖无名小支渠。这年冬季，杨家河干渠开挖到

　① 《巴彦淖尔盟志》编纂委员会 . 巴彦淖尔盟志[M]. 呼和浩特：内蒙古人民出版社，1997：1671.
　② 巴彦淖尔市地方志办公室 . 临河县志[M]. 海拉尔：内蒙古文化出版社，2010：201.
　③ 内蒙古河套灌区解放闸灌域管理局 . 内蒙古河套灌区解放闸灌域水利志[M]. 呼和浩特：内蒙古地矿印刷厂，2002：84.
　④ 《巴彦淖尔盟志》编纂委员会 . 巴彦淖尔盟志[M]. 呼和浩特：内蒙古人民出版社，1997：1671.
　⑤ 巴彦淖尔市地方志办公室 . 临河县志[M]. 海拉尔：内蒙古文化出版社，2010：201.
　⑥ 内蒙古河套灌区解放闸灌域管理局 . 内蒙古河套灌区解放闸灌域水利志[M]. 呼和浩特：内蒙古地矿印刷厂，2002：84.
　⑦ 《巴彦淖尔盟志》编纂委员会 . 巴彦淖尔盟志[M]. 呼和浩特：内蒙古人民出版社，1997：1671.
　⑧ 《巴彦淖尔盟志》编纂委员会 . 巴彦淖尔盟志[M]. 呼和浩特：内蒙古人民出版社，1997：1671.

王栓如圪旦以上，接入乌拉河。至此，长达七十千米的杨家河干渠全线贯通。① 渠虽成型，但因正梢地势偏高，水流不畅，难以泄退余水。②

在杨家河即将全线贯通之际，"十五年二月，茂林猝然患中风不起，手造地方，功在民社，积劳成疾，正命以终"③。杨茂林是民国初期河套水利的代表性人物，是杨家河干渠工程的实际指挥者，在杨氏家族中又是"林"字辈的长兄，其精神和品质深深影响着杨氏族人。据杨氏后人回忆，在杨家河开挖过程中，杨茂林骑一匹高头大马日夜巡查于杨家河上下，甚至家人也很难见到。④ 民国《临河县志》对杨茂林的敬业精神评价很高，"夫杨家河子一渠，关系全区之命脉如此。茂林毕生之精力与事业尽注于该渠，是诚不愧为实业家而兼大建筑家矣"⑤。对杨茂林领携众兄弟开挖杨家河的贡献，史书评价道："嗟乎！在民国四年前，近渠百余里举足荆棘，触目污莱。茂林先生……挺身独任，取瓯脱之地而独力辟之，取久湮之渠而独力开之，坐令化硗为肥，化瘠为沃，起万亩之芳塍，黍莜麦秀；开百里之阡陌，耕雨锄云。致令肇造新区，重开天堑，不惟一方造福，粒我蒸民；为省防计，为国防计，为实业家创新模，为军事家立要塞，有益西北大局，岂浅鲜哉！迄今春林、鹤林守其成法，为之疏其干，畅其支，扬其波，助其流，令我民众击壤鼓腹，乐其乐利其利，何莫非茂林先生之赐哉！"⑥杨茂林去世之后，二弟春林、三弟文林等接着施工，当年将干渠挖到王栓如圪旦以北，接入乌加河。

民国十六年（1927年），杨氏为了解决杨家河干渠的退水问题，一方面将干渠西侧的三淖支渠梢接挖送入乌加河，另一方面将蛮会支渠梢部接挖送入乌加河，双流退水均通畅。历时十载的杨家河主干工程至此基本竣工，灌溉面积三百顷。

民国十七年（1928年），杨家投资白银六万四千多两，开挖东边支渠及其配套子渠十一道；冯官锁投资白银五千多两，开挖冯官锁支渠。

民国十九年（1930年），杨春林投资白银一万多两，开挖赵五禄支渠（后改建更名为大树湾分干渠）；谦德西（杨春林）投资白银四千多两，开挖了缸房支渠及其配套子渠三道；张三毛投资白银一千多两，开挖了张三毛支渠。截至民国十九年，杨家河干渠已有配套支渠六十七道，子渠三百五十五道。其中杨氏投资开挖大支

---

① 关于杨家河的长度，各种文献说法不一，《绥远通志稿》记载为一百四十余里，见绥远通志馆．绥远通志稿：卷四十（上）：水利[M]．呼和浩特：内蒙古人民出版社，2007：690；《内蒙古河套灌区解放闸灌域水利志》记载为六十四千米，见内蒙古河套灌区解放闸灌域管理局．内蒙古河套灌区解放闸灌域水利志[M]．呼和浩特：内蒙古地矿印刷厂，2002：85；《巴彦淖尔盟志》记载杨家河干渠长七十千米，见《巴彦淖尔盟志》编纂委员会．巴彦淖尔盟志[M]．呼和浩特：内蒙古人民出版社，1997：449。

② 内蒙古河套灌区解放闸灌域管理局．内蒙古河套灌区解放闸灌域水利志[M]．呼和浩特：内蒙古地矿印刷厂，2002：84-85．

③ 巴彦淖尔市地方志办公室．临河县志[M]．海拉尔：内蒙古文化出版社，2010：238．

④ 刘凤兰口述，2014年8月。刘凤兰，1942年生，杨茂林外孙女，退休干部。

⑤ 巴彦淖尔市地方志办公室．临河县志[M]．海拉尔：内蒙古文化出版社，2010：239．

⑥ 巴彦淖尔市地方志办公室．临河县志[M]．海拉尔：内蒙古文化出版社，2010：202．

渠十道，子渠二百九十五道，并在干渠上修建车马大桥五座，桥下可通小木船。今头道桥、二道桥、三道桥皆以桥的序数命名。[①]

民国二十年（1931 年），绥远省府拟将杨家河收归国有，但是在原支修渠费未抵清前，杨家自修渠道准其自行管理。杨家河当年灌溉面积已达十八万亩，是民国十六年竣工时的六倍。[②]

民国二十一年（1932 年），"杨君春林又以劳顿过度，外债紧逼，遂至一病不起"[③]。杨春林在身心交瘁下病故，渠务由其三弟文林、四弟铎林继续经营。

在开辟杨家河灌区过程中，杨家共有五人为河套水利事业献出生命。除了杨米仓、杨满仓、杨茂林与杨春林四人外，还有杨鹤林。民国二十二年（1933 年）左右，杨鹤林因肺气肿去世，这与开挖和管理杨家河的繁重任务不无关系。可能是因为杨春林和杨鹤林曾担任过临河县的要职，《临河县志》多有提及，认为二人在坚定杨茂林开渠信念、筹措杨家河工程资金、继承杨茂林养渠之法等方面都有相当建树。杨文林和杨茂林比较相像，是一位水利专家，曾于民国十一年（1922 年）与王同春、张厚田、杨嗣殷、崔国仁等一起组织汇源水利公司。在开挖杨家河的过程中，"杨文林亦因劳而致残废"。[④] 民国二十四年（1935 年），杨文林在谦德西房顶眺望渠水时不慎栽下房屋，不治身亡。杨氏一门父子相代，前仆后继，成为河套水利事业的光辉典范。杨铎林、杨占林、杨桂林、杨云林及子侄杨忠、杨孝、杨节、杨义、杨智、杨廉、杨纯、杨信等人在前辈基础上继续挖渠。至今在河套地区以杨家名字命名的渠如杨孝渠、杨廉渠等渠，其实际主持与出资人应该是杨孝、杨廉等人。今二道桥东方红村境内的"丈渠"，为八杭盖杨云林所开，在民国时期称为八柜渠。此渠从陕坝渠开口，口宽一丈，浇灌东方红村几个生产队的土地。今头道桥镇联增村境内有杨柜渠，口宽一丈，渠长五里，浇灌联增村三队、六队和二队、七队四个生产队的土地，是杨节主持与出资开挖。像这样以杨字打头或者以杨家人名命名的渠广布在今杭锦后旗的南北各乡镇，不得不说是杨家几代人的贡献。总体上说，杨家河灌区的形成主要是杨门"玉"字辈和"林"字辈的功劳，"忠"字辈对杨家河灌区的水利也做出过一定贡献。

（三）九杭盖执掌杨家河

民国十六年（1927 年），杨家河下游三淖支渠和蛮会支渠尾梢接入乌加河，杨家河全线贯通。杨家河贯通之后，杨家一方面掌握杨家河的管理权，另一方面在

---

①　内蒙古河套灌区解放闸灌域管理局. 内蒙古河套灌区解放闸灌域水利志[M]. 呼和浩特：内蒙古地矿印刷厂，2002：85.

②　内蒙古河套灌区解放闸灌域管理局. 内蒙古河套灌区解放闸灌域水利志[M]. 呼和浩特：内蒙古地矿印刷厂，2002：85.

③　绥远通志馆. 绥远通志稿：卷四十（上）：水利[M]. 呼和浩特：内蒙古人民出版社，2007：673.

④　王喆. 后套渠道之开浚沿革[Z]//中国人民政治协商会议内蒙古自治区委员会文史资料研究委员会. 内蒙古文史资料：第 36 辑　王同春与河套水利. 呼和浩特：内蒙古文史书店，1989：163.

杨家河两岸购置土地扩大地盘，民国十六年(1927年)至民国二十七年(1938年)，从某种意义上说，杨家九杭盖既控制杨家河灌区的水权，又控制杨家河灌区的地权，成为这一地区的实际控制者。

杨家河为杨家私开私有，也由杨家自己管理。杨家雇渠巡五十人，并设"总渠头"和"引人头"负责管理渠务。渠巡就是跑渠工，承担放水、打坝等；"总渠头"是杨家河渠务的总管家，秉承杨家负责杨家河渠系管理；"引人头"是渠务的中层管理者，负责某段渠务的管理。杨家河灌溉用水每年放口七次：一水开河期(开河水)，二水清明节(桃花水)，三水夏至(热水)，四水入伏(伏水)，五水立秋(秋水)，六水大小雪之间(冻河水)，七水大小寒之间(冬水)。[①]民国十八年(1929年)包西水利会议后，河套各公有大干渠都成立了水利公社，虽然杨家河仍属于私有，也成立了杨家河渠水利公社，不过水利公社经理一职由杨家人担任。按照时间推断，第一任杨家河渠经理应该是杨春林，水利公社办公地点应该在杨柜，因为杨春林的土地在杨柜附近。杨春林离世后由杨文林接任水利公社经理，水利公社办公地点移到谦德西。杨家河的水租收入自然构成了杨家收入的一部分。

杨家管理杨家河的成效如何呢？《绥远通志稿》载："本渠因系私人经营，责专利均，向来成绩良好。"[②]"责专利均"肯定了杨家对杨家河的管理所取得的成绩。但也不是没有问题。民国十六年(1927年)挖通三淖、蛮会退水渠后，由于畅通无阻，无节制建筑控制，经过四年流水冲刷，渠身普遍冲深淘宽，有的段落冲深五寸，有的段落宽度达十五米，进水量大增。[③]因为各支渠和各坝尚为新工，加上杨家预防得法，民国十七、十八两年(1928、1929年)未受水患。自民国十九年(1930年)起，汛期连年发生水患。"十九年渠水异常大涨，退入乌加河后，流至后速坝地方，四行泛滥，致使该处全成泽国，淹没田苗有百顷之多。二十年渠水虽畅，而未出现大险。二十一年渠东南沙沟坝决口，水全流入刹台庙滩，因水势过猛，无法筑打，流二十余日，始行堵塞，该滩一片汪洋，淹没禾苗一百五十余顷。二十二年干渠三道桥北热水圪卜决口，又加沙沟南北二坝及塔侯仁坝均被冲破，以至热水圪卜百顷青苗全被淹没。"[④]同时，由于干渠上游被冲深，水位降低，中谷儿渠、老谢渠等支渠也发生引水不足和受旱的问题。老谢渠被阎锡山的屯垦队于民国二十二年(1933年)改挖为屯垦支渠，并在杨家河干渠上首先修筑屯垦渠口束水

---

①　内蒙古自治区杭锦后旗志编纂委员会．杭锦后旗志[M]．北京：中国城市经济社会出版社，1989：168.

②　内蒙古自治区绥远通志馆．绥远通志稿：卷四十(上)：水利[M]．呼和浩特：内蒙古人民出版社，2007：689.

③　内蒙古自治区杭锦后旗志编纂委员会．杭锦后旗志[M]．北京：中国城市经济社会出版社，1989：168.

④　内蒙古自治区绥远通志馆．绥远通志稿：卷四十(上)：水利[M]．呼和浩特：内蒙古人民出版社，2007：673.

草码头，抬高了干渠水位，改善了支渠进水。杨家也学习这一经验，在大沙沟口、陕坝支渠口、小沙沟口和蛮会支渠口修筑束水草码头，对渠水起到调节的作用。[①]束水草码头是草闸的初期形式，是河套人民在水利技术上的一大创造。

杨家在杨家河开挖中和全线贯通后，开始将自己的势力扩张至杨家河全流域。到九杭盖执掌杨家河时，杨家成为与五原王家齐名的河套大地主。

民国十五年（1926 年），为了更好地控制杨家河和扩大地盘，杨家实行分家。杨家分家的主持人是邵贵章，俗称邵大，是杨柜城内一个不大不小的绅士。邵贵章五十多岁，知今知古，经常帮助人家主持、解决一些家庭、家族事务，当时的百姓评价邵大"说大事，了小事，自己也常做一些糊涂事"。邵贵章在杨柜城是一个很有信誉的人，人们都信服他，更重要的是他与杨家有几十年的交情，对杨家的内情知道得甚至比杨家人还多，杨家兄弟选择他主持分家。在邵贵章的主持下，总体上杨家分家算公允，各家都分到了数百顷土地，杨氏众兄弟没有因分家产生分歧和闹出矛盾。杨氏九门各自都有地盘，其中八杭盖杨云林的"封地"在杨柜城及附近的杨家河东岸地区。杨柜城中杨家本来建有油坊、碾坊、磨坊、粉坊，这些作坊既不能搬迁，也不好均分，自然分给了八杭盖杨云林。杨家兄弟分家看中的是土地的数量和质量，在土地的数量上要基本持平，对土地的肥瘦、灌溉条件也很看重。在杨家的观念中，只要有地盘、有土地，就有了根本，做什么都容易。[②]

在杨家分家前后，伴随着杨家势力的扩张，"九杭盖"的称呼应运而生。对于杨家"九杭盖"的由来，智纯解释说：杨满仓、杨米仓及杨家九兄弟所开发、经营的杨家河流域隶属于蒙古族人世袭领有的杭锦旗地域，杭锦旗的土地当时的百姓习惯上称为"杭盖地"，蒙古族人就把从"杭盖地"上发展起来的杨氏兄弟称为"杭盖"，即"杭盖地"的主人之意。杨家"林"字辈共有九男，杨家河主干渠竣工，使河套地区又增添了一条贯通南北的大动脉，杨家的势力南过黄河，北及阴山，杨家九男的地盘顺势排列在杨家河两岸，因此蒙古族人将九男称之为"九杭盖"。杭盖地本来是杭锦旗蒙古王爷的世袭领地，蒙古族人本来是这片土地的主人，但是随着杨家河渠系的兴挖，这片土地从传统的牧场变为农田，蒙古族人虽然依旧是土地的所有者，而杨氏一门成为这片土地的实际管理、经营者。九杭盖分别为大杭盖杨茂林、二杭盖杨春林、三杭盖杨文林、四杭盖杨铎林、五杭盖杨鹤林、六杭盖杨占林、七杭盖杨桂林、八杭盖杨云林和九杭盖杨旺林。[③] 杨家九兄弟本有官名，但是无论当时还是后世，很少有人知道每个杭盖的官名，甚至连杨家的子孙也不甚了了，因为杨家河开成之后，杨家九兄弟就以"杭盖"之名行世，久而久之

①　内蒙古自治区杭锦后旗志编纂委员会. 杭锦后旗志［M］. 北京：中国城市经济社会出版社，1989：168.

②　智纯口述，2015 年 8 月。智纯，1922 年生，杨米仓外孙，大学退休教授。

③　智纯口述，2015 年 8 月。智纯，1922 年生，杨米仓外孙，大学退休教授。

九个杭盖的官名反而被冲淡和遗忘了。

民国十六年(1927年)至民国二十七年(1938年),九杭盖执掌杨家河,杨家达到鼎盛时期。杨家河西岸的大片土地是杨家承包蒙民的包租地,所有权不属杨家,但归杨家放地收租。杨家河开挖期间和挖成之后,以杨茂林和杨春林为首的杨家弟兄,又在渠东的放牧地内,认领了大片土地。仅大坝(现小召境内)以北、乌加河以南一带,认领土地就达一千余顷。对这些认领地还接受转让或出租,从中获得租金。在唐圪卜(现红旗境内)、刹台庙(现小召境内)、白茨圪卜(现小召境内)和新堂(现光荣境内)以北,以及二道桥、三道桥、郭家台子(现查干乡境内)和杀达子湾(现头道桥境内)一带地区,购买了土地一千五百余顷。杨家父子分门别户时,每个杭盖分得土地达一百八十余顷之多。此外,杨满仓和杨米仓还各留有一部分养老地。分家后,各杭盖又独自购置了土地:大杭盖杨茂林在杨柜缸房和哈拉沟等地购置土地二百四十余顷;二杭盖杨春林在杀达子湾、二道桥一带,购置土地二百五十余顷;三杭盖杨文林在杨家河畔和新堂以北,购置土地二百余顷;四杭盖杨铎林在新中乡(现四支境内)一带,购置土地二百四十余顷;五杭盖杨鹤林在刹台庙、六杭盖杨占林在谦德西、七杭盖杨桂林在唐圪卜、八杭盖杨云林在二道桥、九杭盖杨旺林在三道桥等处,都购置土地有一百余顷。不包括包租地和认领地,杨家父子在分家前后共购置肥沃良田达三千余顷。[①]

杨氏一门在清末民初以水兴业,以杨家河为经营之本,控制了杨家河灌区的大部分土地,雇工种地,收取地租、水租,从而成为临河四区的最大地主。杨氏分家时,每个杭盖均分有千亩以上土地。总柜设在二道桥的杨柜(后迁至谦德西),下设九座牛犋,其中四个大牛犋称为四大牛犋,均雇工种地,配有管家主事。杨家的九个杭盖执事的鼎盛时期,从总柜到每个牛犋,都是骡马成群、牛羊数千、鸡猪无数。杨家还兼营杂货等,在二道桥等地建有油坊,在谦德西设有缸房,置有大木船数十只,往返包头、河曲等地贩运食物和货物等。鼎盛时杨氏一门拥有资产达十万余银圆。[②]需要指出的是,杨家开创杨家河全靠借款,即使鼎盛时期的杨家依然是债台高筑,或者更准确地说,鼎盛只不过为杨家提供了还债的条件。

第二节　杨家河的历史地位

杨家河是河套十大干渠之一,杨家河是河套近代百年历史的一个缩影,在河套水利史、河套移民史、河套开发史、河套抗战史上均有重要的地位。

---

① 张启高.杨家河与杨家[Z]//杭锦后旗政协文史资料编委会.杭锦后旗文史资料选编:第5辑,1990:102-103.

② 《巴彦淖尔盟志》编纂委员会.巴彦淖尔盟志[M].呼和浩特:内蒙古人民出版社,1997:1671.

一、河套水利史上的地位

杨家河在河套近代水利史上的地位，可以从三方面进行分析：第一，杨家河开挖在河套水利面临困境之时，其开挖掀起了民国河套水利开发的高潮；第二，杨家河是民修水利投入最多的一条干渠，同时也是发挥较大作用的一条干渠，充分体现了民间力量在河套水利史上的作用；第三，杨家河是由民间力量开挖的最后一条干渠，此后河套水利进入政府主导阶段。

第一，杨家河开挖在河套水利面临困境之时，其开挖掀起了民国河套水利开发的高潮。晚清至民国的河套水利开发分为开发时期、官办时期和官督民修三个时期。在河套水利的开发时期，有道咸年间开挖的缠金渠（永济渠）和刚济渠，有同光年间开挖的老郭渠（通济渠）、长胜渠（长济渠）、塔布渠、义和渠、沙和渠及丰济渠（中和渠），这就是晚清形成的河套八大官渠。开发时期是河套水利开发的黄金时期，这一时期民间水利开发力量得到充分释放，水利建设投入资金之大，开挖干渠数量之多，都堪称空前绝后。由于庚子赔款加重财政负担，清政府为了扩大财源，调整西蒙的土地政策，派遣钦差大臣贻谷督办西蒙垦务。贻谷于光绪二十九年（1903 年）至光绪三十年（1904 年），将地商所开私有渠道收归公有，设立垦务局统一管理，此后河套水利进入官办时期。官办时期的河套水利应该分成两个阶段，第一阶段从光绪三十一年（1905 年）至民国六年（1917 年），是河套水利的低落时期；第二阶段从民国六年（1917 年）至民国十六年（1927 年），则是河套水利的又一个高潮时期。改为官办以后，因为管理不善和政局变动，河套水利逐渐废弛。从光绪三十一年（1905 年）至杨家河开挖的民国六年（1917 年）的十二三年间，河套的各大干渠经历了私有私营、官办水利及民户包租的变化。进入民国，河套各大干渠改由民国以来的民户包租，但没有从根本上扭转河套水利的被动局面。这一时期河套水利面临困境，水利管理机制滞后，水利建设资金积累受阻，民间地商也进入一个潜伏期。民间地商经过十余年潜伏，从民国六年（1917 年）起重新登上舞台，这就是杨家河及丹达渠、三大股渠等渠的开挖，加上教会重修黄济渠，民国初期河套水利再次掀起一个开发高潮。杨家河的开挖，相当于晴天一声惊雷，打破了河套水利十余年的沉寂。晚清至民国时期，地商在河套开挖了各大干渠，如果说其中最具代表者，晚清以王同春为代表，民国以杨氏家族为代表。

第二，杨家河是民修水利投入最多的一条干渠，同时也是发挥较大作用的一条干渠，充分体现了民间力量在河套水利史上的作用。杨家河干渠及支渠是河套十大干渠中开挖花费最多的。[①] 杨家河干渠及其支渠黄羊木头渠、准格尔渠（中谷儿渠）、老谢渠、三淖渠、蛮会渠、陕坝渠等，共花费白银七十四万余两，其中杨家河干渠工银四十余万两，支渠及子渠工银三十余万两。比较杨家河与其他干渠

---

① 绥远通志馆．绥远通志稿：卷四十（上）：水利[M]．呼和浩特：内蒙古人民出版社，2007：689．

的开挖及修浚费用，可知杨家河工银之巨。永济渠、通济渠和丰济渠是十大干渠中工费较多的几条。永济渠原名缠金渠，道光五年(1825年)甄玉、魏羊所开。清道咸年间由甄玉、魏羊出头联合景太德、崇发公、祥太玉等四十八家商号共同出资扩挖缠金渠，接挖长度达到一百四十余里，口宽五丈，干渠之下又开挖一些支渠。未有此时缠金渠开挖费用记载。光绪三十二年(1906年)，贻谷聘请王同春修浚永济渠，将永济渠由黄河重新开口并开挖整修支渠六条。此次修浚共支银二十万两，是缠金渠开成后的最大规模修浚，此后缠金渠改名永济渠，成为河套最大的干渠。永济渠从缠金渠至更名永济渠，历经八十余年，综合统计永济渠的开挖费用，似乎不及杨家河。通济渠始于短辫子渠，同治十三年(1874年)重新开挖短辫子渠，历经十年挖至板头圪旦，计长五十余公里，灌田一千五百顷，更名老郭渠。未有此时老郭渠开挖费用记载。其后郭敏修继续接挖老郭渠干渠，使老郭渠北梢和南梢接入乌加河。在老郭渠接挖期间，干渠两侧共接挖支渠二十七道，计开支渠公款银三十万两。就支渠工银而言，老郭渠与杨家河相当，干渠工银似乎不及杨家河，因为老郭渠的长度、流量、灌溉面积都不及杨家河。光绪十八年(1892年)王同春开挖丰济渠，历时八年主干工程完成，支出工费银七万余两。清末丰济渠收归公有之后，由垦务局出资开挖什巴圪图、塔尔湖、铁毛什拉、安师爷和补隆淖支渠，费银二十三万两。[①] 丰济渠先后费银约三十万两，不足杨家河一半。其他干渠开挖及修浚费用，例如沙和渠，光绪十七年(1891年)开挖，历时五年接入乌加河，全长九十余里，工费银九万余两。光绪三十四年(1908年)，垦务局利用山东、河南等入套难民，将沙和渠干渠通身疏濬一次，约花费五万两白银。可见沙和渠费银远不及杨家河。杨家河开挖费用为什么如此之巨呢？主要由于杨家河灌区的地形地貌和杨家河开渠路线。杨家河灌区的地形地貌比较接近沙和渠，"是渠开创前，该处百余里均沙梁耳"[②]，而且杨家河周边没有天然黄河支流。杨家河与河套其他干渠不同之处在于杨家河是一条比较纯粹的人工渠，其他干渠都经历了一个从"河"到"渠"的渠化阶段，而杨家河从一开始就是一条人工开挖的渠，虽然冠名杨家河，但只是对旧杨家河名字上的沿袭，开口、渠线都与旧杨家河不同。在杨家河开挖之前，杨家河两岸几乎没有渠道，是一片长满白刺、红柳、芦苇、杂草的沙地，开杨家河等于从陆地上挖地一丈，一直从黄河挖到阴山脚下，杨家河实际掀开了河套人开挖纯粹的人工渠的序幕。"该渠纯系生工，其直如矢"[③]，因为是人工河，不需要按照天然河流走向设计渠线，所以杨家河在走向上比其他干渠更接近直线，一眼望去就如同射出的箭一样直。因为杨家河所过之地多为沙丘地貌，没有天然河流凭恃，基本依靠人工，这决定了杨家河在河套干渠

---

① 《巴彦淖尔盟志》编纂委员会. 巴彦淖尔盟志[M]. 呼和浩特：内蒙古人民出版社，1997：448.

② 巴彦淖尔市地方志办公室. 临河县志[M]. 海拉尔：内蒙古文化出版社，2010：200.

③ 王文景. 后套水利沿革[Z]//中国人民政治协商会议巴彦淖尔盟委员会文史资料委员会. 巴彦淖尔盟文史资料：第5辑，1985：106.

工程中是最为艰巨的一条。知道了杨家河工程之艰巨，杨家为杨家河献出五人生命，费银七十余万两，也就得到合理解释了。

　　杨家河是民国河套十大干渠中发挥较大作用的一条干渠。杨家河是民国河套十大干渠中规模较大的一条，"计渠身长一百四十余里，宽八九丈有差，深丈余"①。在20世纪30年代其长度、宽度和深度均接近河套干渠之冠的永济渠。而且杨家河"水利之宏深溥博，与永济官渠相埒峙"②，自挖成后浇灌面积稳中有升，"全区流域面积三千余顷。自十六年完全竣工后，十七年浇灌面积约一千三百余顷，十八年浇灌面积约一千二百顷，十九年浇灌面积约一千四百顷，二十年浇灌面积约一千八百顷，二十一年浇灌面积约一千五百顷，二十二年浇灌面积约一千六百顷"③。杨家河地处河套灌区上游，引黄位置优越，进水条件比其他干渠都好，"水量畅旺，为后套各渠之冠，故其地虽开垦未久，而竟能成后套精华之区者，有由来也"④。杨家河挖成后发挥了巨大的水利灌溉作用，杨家河灌区因此成为河套西部的粮食主产区。而且杨家河无形中在西部干渠组合上起着枢纽和骨干作用。民国三十二年（1943年）四月绥远省政府兴建"引杨济黄"工程，弥补了黄济渠水量的不足，同时又促进了西边乌拉河的开挖。黄土拉亥河因为得到杨家河水的补充，扩大了灌溉面积，从此更名为黄济渠，列入河套十大干渠。乌拉河口部改由杨家河引水，下梢通入乌加河，成为河套十大干渠之一，从某种意义上说乌拉河是由杨家河衍化出的一条干渠。⑤杨家河是由民众出资开挖的一条干渠，挖成后发挥了巨大的灌溉作用，不但是河套十大干渠中上水条件最好、灌溉面积较广的一条，而且还补充了黄济渠的水量、促进了乌拉河的开挖，起到了"一渠带三渠"的枢纽和骨干作用。可见民间力量在河套近代水利史上的作用。

　　第三，杨家河是由民间力量开挖的最后一条干渠，此后河套水利进入政府主导阶段。从清中叶至民国前期，河套民众在水利开发中起了主导作用，进入民国后期，政府开始主导河套水利开发。河套地区特殊的地理和历史环境决定了地商在水利开发中的主导作用。清初河套地区属于蒙古王爷的世袭领地，清政府对河套地区实行禁垦政策，以后禁垦政策虽有放松，却一直没有废除。但是明以来内地人民走西口的潮流并不因为禁垦政策而减弱，反而在清中叶汇成开发河套的洪流。清道咸以至同光年间，出身于商人和农民的地商与蒙旗私下达成协议，包租蒙地，开渠垦荒，几十年间，竟成八大干渠，蔚为大观。清末贻谷将八大干渠收

　　① 绥远通志馆.绥远通志稿：卷四十（上）：水利[M].呼和浩特：内蒙古人民出版社，2007：690.

　　② 巴彦淖尔市地方志办公室.临河县志[M].海拉尔：内蒙古文化出版社，2010：200.

　　③ 绥远通志馆.绥远通志稿：卷四十（上）：水利[M].呼和浩特：内蒙古人民出版社，2007：673.

　　④ 王文景.后套水利沿革[Z]//中国人民政治协商会议巴彦淖尔盟委员会文史资料委员会.巴彦淖尔盟文史资料：第5辑，1985：106.

　　⑤ 陈耳东.如何看待杨家河的历史定位[C]//王建平.河套文化论文集（四）.呼和浩特：内蒙古人民出版社，2006：252.

为公有，地商自发开发水利的势头遂被遏制。贻谷主持西蒙垦务期间，曾大规模修浚河套各大干渠，取得了一定成绩，但官办水利弊端丛生，此后十数年河套水利进入一个低落期。这段时间杨家一直在积蓄力量，终于在民国六年（1917 年）开挖杨家河。"茂林先生不过当地一绅董耳，既非做摊厚实，可以左右人民；又非手握大柄可以号召民众。"①杨氏以一家一姓之力，在没有任何形式的政府支持下，前后投入白银七十余万两，九死不屈挖成杨家河，创造了河套民修水利的奇迹。杨家河开挖的同时，天主教会主持黄土拉亥河的修浚。这样在杨家河挖成之后，河套民间力量已经挖成了河套十大干渠中的八条，即塔布渠（塔布河）、长济渠（长胜渠）、通济渠（老郭渠）、义和渠（王同春渠）、沙和渠（复兴渠）、丰济渠（中和渠）、永济渠（缠金渠）和杨家河，河套开发已接近最西部。

河套近代历史的总趋势是，大地商农民自发组织开渠引水，随着土地开辟和人口繁衍，国家认识到必须由政府来管理渠道。清末政府将八大干渠收归公有，但由于革命和政局变动，政府发挥的作用有限，民间治水力量仍然发挥较大的作用。杨家河挖成之后，民国十八年（1929 年）召开的包西水利会议决定各大干渠设立水利公社，人民自行管理渠道，政府负责监督指导。这样，杨家河的开挖实际上成为河套水利的分界线，此后由民众主导的开渠治水活动逐渐退出历史主流，河套地区的水利进入政府主导阶段。民国十八年（1929 年）后，虽然民间还私开了民兴渠和合济渠等小干渠以及一些支渠，但政府的主导作用逐渐突出，政府投入较大资金用于干渠修整，主要有包西水利会议分配的十六万元贷款和民国二十四年（1935 年）前后建设厅贷款十二万五千元；绥西屯垦队也开挖了川惠渠、华惠渠等小干渠以及一些支渠。尤其在抗战时期，河套实行军事水利，水利建设取得了相当成就，主要有开挖机缘渠和复兴渠、修建黄杨接口工程，以及修整乌拉河和杨家河。抗战时期的军事水利建设，对民国十大干渠的形成和未来灌区的治理都产生了重要影响②，也充分体现了政府在河套水利建设中的优势。

二、河套移民史上的地位

杨家河在河套近代移民史上的地位，主要在于杨家河灌区的开辟促进了内地移民从雁行到定居的转变，成为河套西部移民从雁行到定居的转折点。

河套地区在清代属于蒙古辖地，因为位于蒙汉交界，地广人稀，生存空间大，是内地人民外出谋生的重要落脚点。明末清初，尤其是近代以来，北方各省人民外出谋生都将河套地区作为主要目的地之一。从河套近代移民的身份上看，到河套谋生的内地人民主要包括商人和农民，而以农民为主体。从河套近代移民的来源上看，主要有山西、陕西、山东、河北、河南和甘肃各省，其中又以河套以东

---

① 巴彦淖尔市地方志办公室．临河县志[M]．海拉尔：内蒙古文化出版社，2010：200.
② 陈耳东．河套灌区水利简史[M]．北京：水利水电出版社，1988：123.

的北方各省人民为主体，即以走西口民众为主体。走西口民众最初被称为雁行人，就是春天到河套种田，秋天所获财富输回老家，不一定将河套作为定居地。随着历史的发展，雁行人逐渐有一些在河套定居下来成为河套的常住居民。河套的移民与水利开发是互相促进的关系。内地民众从雁行到定居河套，最基本的条件是河套的水利建设。只有开渠引水，农田得到开垦和灌溉，农民和商人才有衣食之源，才可能在河套定居下来。同时，移民为水利开发提供了资金和劳动力。河套近代水利建设的资金主要来源于地商，而地商是移民中较早定居于河套的一部分人。河套水利开发依靠大量青壮劳动力，这些劳动力主要是谋生和逃难的内地农民。可以说，河套大规模兴修水利开垦农田的过程，就是内地民众从雁行到定居河套的过程。这一历史过程贯穿清代至民国约三百年时间，其中清同光至民国初期是河套水利开发的高潮期，也是河套移民从雁行转化为定居的高峰期。

内地人民走西口到内蒙古西部的过程，从某种意义上说是内蒙古西部的开发过程。内地人民走西口，是从北方各地进入山西的杀虎口，然后进入内蒙古的乌拉察布、呼和浩特、包头，最后进入河套地区，这是由东至西逐步推进的过程。在内蒙古西部开发过程中，内地移民的雁行与定居交织在一起，一部分坚持雁行或者返回家乡，一部分人定居下来成为当地居民，总的趋势是雁行人逐渐减少，定居者逐渐增加。河套自同光以来的开发顺序也是自东向西，同样也是一部分人坚持雁行或者返回家乡，一部分人定居下来成为当地居民，总的趋势是雁行人逐渐减少，定居者逐渐增加。而杨家对永济渠花户的管理方式和杨家河的开挖促进了内地人民从雁行到定居的转变，杨家河灌区的形成更是成为河套西部移民从雁行到定居的转折点。杨茂林承包永济渠注重培养花户，在三年时间中使永济渠两岸村庐云屯，鸡犬相闻，奠定了临河东部的人口基础。杨家河挖成之后，杨家河两岸的民户达到三千余家，杨家河与黄济渠一起奠定了临河西部的人口基础。民国十四年(1925年)由于河套西部的水利开发和人口增加，决定从五原分出丰济渠以西设立临河设治局，民国十九年(1930年)改局为县。杨家河开挖和临河县成立的过程中，西口移民在雁行和定居两种选择的角逐中，定居逐渐占据优势，雁行逐渐减少，杨家河的开挖，意味着走西口这一人口迁徙潮流，推进至河套的最西部，即灌区与沙漠接壤之处。杨家河之西虽有乌拉河，但乌拉河灌域开辟晚，地处沙漠边缘，晚至1943年全面修整，灌溉面积、灌区人口数量都无法与杨家河灌域相比。终民国时期，可以认为杨家河灌域是河套平原的最西部，是走西口的地理终点。走西口移民推进至杨家河，一是河套开发已是最西部，再往西就是没有灌溉条件的沙漠地区；二是杨家河灌区引水条件好，土地肥沃，适宜定居。正是这些原因，河套西部的移民选择在杨家河两岸定居下来，民国二十年(1931年)杨家河两岸已是万亩天歌、千家烟火的景象。自此之后，走西口逐渐成为一种历史，民歌《走西口》就成为山陕人民对走西口的集体记忆。

需要指出的是，杨家河不但是河套以东的内地人民走西口的最后一站，同时也是河套以西的甘肃人民移民河套的第一站。山西、陕西、河北、河南、山东等移民是河套移民的主要部分，甘肃移民也是河套移民中不可忽视的一部分。甘肃地处河套以西，不能以"走西口"概括他们的移民活动。河套西南接乌兰布和沙漠，甘肃移民沿黄河进入河套灌区，首先进入他们视野的就是杨家河灌区。这样东西两大移民群体就在杨家河两岸会合、交融。至今杨家河灌区的人口组成中，就籍贯而言，既有东部诸省，也有甘肃省，这是河套移民史的真实反映。

三、河套开发史上的地位

杨家河在河套近代开发史上的地位，主要在于杨家河的开挖促进了河套近代社会从牧业向农业的转型。杨家河对河套近代农业社会形成的促进作用主要在于，一是使杨家河两岸地区从游牧区变为农业区，二是促进了临河县的建立。

第一，杨家河开挖使杨家河两岸地区从游牧区变为农业区。河套近代开发以农田水利建设为起点和中心，大规模的兴修水利和开垦农田，引起了河套地区历史上最深刻的变化，河套逐渐从牧业经济为主转变为农业经济为主。河套近代以来每修建一条干渠，干渠流经的土地就逐渐变为农田，干渠两岸就会出现一些村落和乡镇，干渠流域就转变为农业社会。杨家河的开挖同样如此。在杨家河开挖之前，杨家河两岸地区没有耕地，没有村庄，没有城镇，没有道路，没有政府，没有学校，是一片大牧场。杨家河开挖之后，才有了农田，有了村庄，有了城镇，有了道路，有了政府，有了学校，才有了农业社会。至今分布在杨家河沿岸的农业集镇，如头道桥、二道桥、三道桥、查干、小召、沙海、红旗、四支、团结等，都因为杨家河的开挖而繁荣兴盛起来。

杨家河的开挖同样促进了畜牧业的发展。随着杨家河挖成，人口的增多，耕地的开辟，畜牧业也相应发展起来，当地产业由之前的游牧变成农业为主兼营畜牧业，农牧结合。杨家河河畔本来是蒙汉互相融合的地域，汉族影响蒙古族，蒙古族也影响汉族，表现在生产、生活、饮食、语言、艺术等各个方面。杨家河的开挖对蒙民最大的影响就是促进了蒙民传统生产、生活方式的升级与转型。游牧是蒙民传统的生活方式，在杨家河灌域未开发之前，这片土地完全是蒙民的牧场。在传统的游牧业中，蒙民逐水草而居，人们居无定所，牲畜采用放养的办法，牲畜在野地里自由觅食。当时野狼等野兽特别多，放养的牛羊牲畜在野地里食草，非常容易受到野狼、野狗、狐狸等食肉动物的侵袭，往往造成一些损失。在野地里，造成的损失不容易统计，因为游牧的性质决定自己的牧群很难有一个准确的数字。同时刚出生的羔羊在野地中的成活率也较低，这样就限制畜群的发展。畜牧业就是采用圈养的办法，将牛羊牲畜圈起来饲养。圈养的优点在于，牲畜的安全得到保障，牛羊圈旁通常栓有看家狗，可以起到预防野兽侵害的作用。同时，圈养的牲畜是有数目的，增加或者减少都可以统计，这样牧民才能心中有数。这是升级版的牧业，同时还有一些蒙民实现了转型，从牧民变为农民或者准农民。

农民与牧民比较，优势在于可以直接种植粮食谷物，满足人们对食物的需求。杨家在杨家河挖成之后，包租杨家河两岸的土地两千顷，大都采用转租的方式承包给二级地商耕种。这些二级地商有汉族人也有蒙古族人。再看蒙古族对汉族的影响。杨家河两岸本来是蒙古族的土地，杨家河的兴修，出资与组织者杨氏还是挖渠的佣工，都是在蒙民的地盘上谋生存、谋发展，都会不同程度地受到原有生产生活方式的影响。受当地养殖业的传统影响，汉民也发展畜牧业。这种农牧结合的结构随杨家河灌区的形成而形成并且逐渐固定下来，一直到今天杭锦后旗的产业依然是以农为主、农牧结合。①

第二，杨家河开挖促进了临河县的建立。北方地区的农民走西口到河套，有地没渠，农民就自己开渠种地，改善生存环境。当开发到一定程度，农业区人口达到一定数量，就需要在这个地区建立国家政权组织来管理这些农业人口。国家政权组织的建立，使得原本是蒙古族王爷世袭领地的牧场变成国家的县乡，王爷世袭领地是游牧之地，而县乡管理的则是农业地区。在清末至民国时期的河套，某一地区建立了县乡组织，就意味着这一地区的农业经济超过牧业经济而成为社会的主导经济形态。五原县的建立意味着五原地区已经从游牧区变成农业区，临河县的建立意味着临河地区已经从游牧区变成农业区。河套的开发是以水利为起点的连锁变化，有水利然后有农田，有农田然后有村庄，有村庄然后有商业、有交通、有城市。农田水利开发是政权组织建立的先导。清末同光年间的河套东部地区的农田水利开发，最终的成果是五原县的建立。民国以来，河套西部地区的农田水利开发的最终成果是临河县的建立。民国以来，临河县境东部刚目渠、永济渠的开发及吸纳走西口移民，奠定了临河县第一、第二区的经济基础，临河县境西部的黄济渠重修和杨家河开挖，奠定了临河县第三、第四区的经济基础，这样临河县设治之初就有了四个区的划分。从临河设治局四区辖境与各大干渠流域的对应来看，一区与刚目渠、永济渠灌区的前半部对应，二区与刚目渠、永济渠灌区的后半部对应，三区与黄济渠灌区对应，四区与杨家河灌区对应。临河县建立缘起于境内水利的兴修，丰济渠、刚目渠、永济渠诸大干渠开成于清朝；黄济渠乃民国时期天主教会重修；杨家河是民国年间杨家组织开挖，且与临河县设治和建立约略同时，直接奠定了临河第四区的基础。《临河县志》将杨家河的开挖列为临河县的第一大事，杨家也在临河县建立初期备受政府推崇，由此可见水利建设与临河县建立之间的密切关系。临河县的建立是河套西部逐渐赶上和超过河套东部的体现，从此以后河套的政治、经济和社会中心逐渐由五原转移到临河，奠定了今天河套的政治、经济和社会格局。

---

① 杨家河的开挖促进河套畜牧业的发展，是作者根据智纯口述整理而成的。智纯，1922 年生，杨米仓外孙，大学退休教授。

四、河套抗战史上的地位

杨家河在河套抗战史上的地位，主要在于杨家河灌区是抗战时期全国抗日根据地，为中华民族抗日战争的胜利做出了重要贡献。1939年，第八战区副司令长官傅作义率部迁驻河套，河套从此成为全国抗日根据地。尤其在副司令长官部和绥远省临时省政府设在陕坝之后，杨家河灌区对绥远抗战发挥了更大的作用。杨家河灌区对抗日战争胜利的作用主要在三个方面：一是杨家河灌区的地理位置使其成为绥西抗战的战略要地；二是杨家河灌区的农业生产保障了抗日大军的粮食供应，同时保障了抗战兵源；三是杨家河灌区是绥西三战役的根据地。

第一，杨家河灌区的地理位置使其成为绥西抗战的战略要地。杨家河为国防上的要隘，这一点早在抗战之前就被认识到。《临河县志》认为："临河辖境，以南北河为经，以各渠道为纬，他条水均无关险要。南河横亘全治中心，各河口均关重要。"①临河县境内的较大渠道，都是要隘。临河东部有九道要隘，西部有六道要隘，"乌拉河，长百余里，宽六七丈不等，此为第一道要隘。又东有杨家河子渠，长一百四十里，宽七八丈不等，此为第二道要隘。又东路有黄土拉亥河渠，长一百三十里，宽六七丈不等，此为第三道要隘。又东有三大股渠，长八九十里，宽四丈，此为第四道要隘。又东有兰锁渠，长八十里，宽五六丈不等，此为第五道要隘。又东有永济渠，长一百四五十里，宽八九丈不等，此为第六道要隘"②。杨家河是从西至东的第二道要隘。包括杨家河在内，"各渠均口通大河，尾贯阴山下之乌加河，即北河。处处天堑，重重汤池，守之可以韬甲藏兵，扼奇设伏，决之可以陷车徒、限戎马，制敌而不制于敌。况乎支渠套搭纠错，如九夷长坂，如八阵变态，久居其地者尚有迷于向往，而他更可知。此真天造地设之要隘。军事家几费工作，几费测勘，日夜疏凿开辟，求其一而不可必得；而今到星罗棋布，竟能做扼其要，亦何幸如之也。用特质诸留心军事地理者学者"③。包括杨家河在内的河套渠道是绝好的"天堑"，渠道既可以防守设伏，又可以决水陷敌，具有相当重要的军事地理价值。抗战时期傅作义将军正是利用了河套渠道的军事价值，取得了五原大捷。河套地区是东北、华北通往西北的要道，杨家河灌区的位置基本是河套灌区的最西部，再往西就是大沙漠。从军事上说，因为西部没有进路，日本侵略者担心被拦腰截断，所以不敢轻易入犯杨家河灌区腹地，这就让驻扎在杨家河灌区的中国军队掌握了主动权。

第二，杨家河灌区的农业生产保障了抗日大军的粮食供应，同时保障了抗战兵源。傅作义将军是我国抗日名将，他在战略上的成功，就是找到一块好地方作

---

① 巴彦淖尔市地方志办公室．临河县志[M]．海拉尔：内蒙古文化出版社，2010：184.

② 巴彦淖尔市地方志办公室．临河县志[M]．海拉尔：内蒙古文化出版社，2010：185.

③ 巴彦淖尔市地方志办公室．临河县志[M]．海拉尔：内蒙古文化出版社，2010：185.

为抗战的根据地。抗战时期，傅作义将军有两项取得胜利的基本条件，一是粮食，二是士兵。河套地区是绥远抗战的根据地，抗战所需的粮食和士兵都取自河套本地。坚持抗战需要大量粮食，需要青壮年士兵，士兵消耗之后需要补充，这些都依靠根据地解决。包括杨家河在内的河套灌区，在八年抗战之中，一方面为抗战提供粮食，另一方面为抗战提供士兵。傅作义将军入住河套之初，士兵约十万余，当时河套地广人稀，总人口十六七万，相当于增加了三分之二的人口，这无疑是一项沉重的负担。但河套人民承担起了这项艰巨的历史任务。杨家河灌区在抗战时期灌溉农田二十万至三十万亩，农业生产比较稳定，水利设施在抗战中损坏较少。尤其在第二战区副司令长官部移驻陕坝之后，杨家河灌区更是成为抗战的主要根据地。在艰难的战争环境下，杨家河灌区基本保障了抗战士兵的粮食供应。傅作义将军动用三千士兵开挖机缘渠，一个月就竣工；动用两千五百士兵修建黄杨接口工程，仅仅五十多天就完工。士兵固然年轻力壮，但必须有充足的食物保证，士兵只有吃得饱，才能卖力挖渠，这两项工程才能以超常的速度完成。这从一个侧面反映了杨家河灌区的农业生产对坚持抗战的重要作用。傅作义将军驻扎河套之初，士兵主要来自山西和绥远东部，随着呼和浩特、包头被日占据，河套成为抗战根据地，第八战区的士兵主要依靠河套补充。杨家河灌区是河套粮食主产区，在抗战期间，"养儿当兵，种地纳粮"是包括杨家河灌区在内的河套人民对抗战的最大支持。正如历史学家智纯在《杨桂林墓碑文》所说："由于杨家河的灌溉形成了河套平原独特的一条经济带，开拓良田数百万公顷，全国各地无数饥民慕名沿杨家河流域安家落户，还养育了傅作义将军数十万抗日大军，为争取抗日战争的胜利增添了一份贡献。"[①]

　　第三，杨家河灌区是绥西三战役的根据地。1937 年七七事变之后，日本全面侵华，中华民族开始全民族抗战。抗战初期，日本侵略者占领我国华北、华中的大片领土，民国党军队撤退到西南和西北地区。在绥远，日本侵略者很快占据绥远的呼和浩特、包头，并妄图继续西进。1939 年傅作义将军率部进入河套，从此河套成为绥远省和全国的抗日根据地。傅作义将军在河套领导了著名的绥西三战役，给予日军沉重打击，极大地鼓舞了抗战的士气。绥西三战役即 1939 年 12 月至 1940 年 1 月的包头战役、1940 年 1 月至 2 月的绥西战役及 1940 年 3 月至 5 月的五原战役。[②] 杨家河灌区是绥西三战役的根据地，灌区军民为三战役的胜利做出了不巧贡献。1939 年年底，日军已占据安北、固阳和乌拉山一带，五原已处于抗战前线，临河、陕坝成为抗战重镇，永济渠、黄济渠和杨家河灌区是国民军控制的主要区域。1939 年 9 月至 11 月，日军侵占长沙、南宁，为了牵制日军北线调军南

---

　　① 智纯《杨桂林墓碑文》，墓碑文作于 2003 年，2017 年编入《河套水利世家杨氏族谱》。

　　② 董其武. 忆包头、绥西、五原抗日三战役[Z]//中国人民政治协商会议内蒙古自治区委员会文史资料研究委员会. 巴彦淖尔盟文史资料：第 8 辑　傅作义在河套，1987：149.

下，傅作义将军发起包头战役。包头战役国民军共歼灭日伪军三千余名，击毁汽车一百余辆，虏获武器、军需甚多。包头战役吸引了晋北、察南、华北的日军，使其不能南下，有效地配合了全国战场。^① 包头战役后日军凶猛反扑，1940 年 1 月，日军从包头分三路进攻绥西五原、临河一带。其先头部队一度到达杨家河灌域的二道桥、三道桥和磴口县的三盛公一带，沿途对灌溉设施进行破坏，还放火烧毁杨家河一座重要的柴土草坝，但沿途不断遭到傅作义部队的截击和袭击。接着傅部进行大力反击，很快收复三盛公、陕坝和临河等地，迫使敌军退守丰济渠以东。1940 年 3 月，五原战役开始，傅部以人熟、地熟的优势，在群众的参与帮助下，在 3 月 20 日黄河开河和各大干渠流凌之际，引水阻援，进行反攻。战斗打响，敌人机械化部队无法行动，不是被击毙、活捉，就是被淹死。日本侵略军头子、日本皇族水川伊夫中将也被击毙在乌加河畔，日本侵略者从此被逐出河套灌区。^② 这就是抗战史上著名的"五原大捷"。"五原大捷"是包括杨家河灌区在内的河套军民的胜利，更是全中国的胜利、全民族的胜利。在绥西三战役的鼓舞下，河套军民坚持抗战，终于迎来抗战的完全胜利。

此外，杨家河还发挥了一定的运输功能。河套水运历史有一千多年。河套水运发展到民国初年，规模更大，航道增加，使河套一带出现"舟楫林立千艘"的繁荣局面。^③ 民国初期的河套各大干渠都从黄河开口，河套和外界通过黄河与干渠及一些支渠进行商品交换。在公路和铁路交通比较落后的西部地区，河套的各大干渠和支渠在交通运输上有很大的作用。当时十大干渠都能通航，乌拉河通航四十公里，黄济渠通航三十五公里，永济渠通航四十公里，丰济渠通航三十五公里，义和渠通航三十公里，通济渠通航三十公里，长济渠通航二十五公里，塔布渠通航二十五公里，乌加河通航三十五公里，杨家河通航四十五公里。^④ 20 世纪二三十年代，宁夏的商船从黄河水上航行至河套，通过杨家河进入河套腹地，将船载的瓷器、水果与杭盖地的人民交换粮食，再把粮食转运到宁夏出售变现。当时河套地区几乎没有果树，有钱的人家栽几株葡萄树，市场上什么水果都买不到，人们吃水果只能依靠外来商贩。^⑤ 如果不是杨家河的开挖，当时杭锦后旗的人们就很难吃到新鲜的水果，杭锦后旗的粮食也很难运到宁夏。

---

① 董其武. 忆包头、绥西、五原抗日三战役[Z]//中国人民政治协商会议内蒙古自治区委员会文史资料研究委员会. 巴彦淖尔盟文史资料：第 8 辑　傅作义在河套，1987：161.

② 陈耳东. 如何看待杨家河的历史定位[C]//王建平. 河套文化论文集(四). 呼和浩特：内蒙古人民出版社，2006：254.

③ 杨志明. 河套黄河水运始末[Z]//中国人民政治协商会议巴彦淖尔盟委员会文史资料委员会. 巴彦淖尔盟文史资料：第 7 辑，1986：69-70.

④ 杨志明. 河套黄河水运始末[Z]//中国人民政治协商会议巴彦淖尔盟委员会文史资料委员会. 巴彦淖尔盟文史资料：第 7 辑，1986：70-71.

⑤ 智纯口述，2015 年 8 月。智纯，1922 年生，杨米仓外孙，大学退休教授。

第四章　杨家与杨家河的变迁

　　河套近代历史是一部以水利开发为基点的社会变迁史。杨家是河套近代水利开发的重要参与者，也是河套近代社会百年的重要推动者，杨家河的开挖使河套偏西的游牧之地变成引黄灌溉的农业区，改变了当地的经济社会形态。同时，杨家也在河套百年变迁的历史环境下发生变迁。杨家从渠工起家，历经千辛万苦，克服千难万险，终于以一家之力开成杨家河，杨家也因此成为河套社会举足轻重的家族。由于社会环境的变化和杨家自身的问题，杨家不能适应社会的发展而逐渐衰落。杨家河是杨氏私家所开，但是干渠公有是河套社会发展的趋势，杨家河终归由一姓之渠变为百姓之渠，杨家虽然失去了经济依托，但杨家河却发挥了更大的作用，杨家的历史功绩也因此更加彰显。

第一节　杨家的变迁

　　杨家开辟杨家河灌区，对河套做出了历史性贡献。杨家河的开挖与杨家河灌区的开辟是杨家在河套的主要社会活动，但杨家的社会活动不止于此，因为社会是一个普遍联系的整体，杨家与河套社会有着多方面的联系。杨家河的开挖不仅是一项水利工程，同时也是一项社会工程。杨家为开杨家河，举家迁居杭盖地并营建杨柜城，而杨柜城从一座私家城池逐渐发展为河套西部的一座小城镇。在杨家河挖成之后，杨家一方面经营管理杨家河渠务，一方面经营商业，杨家的谦德西是民国河套的一个重要商号，是河套地商商耕并行的一个见证。杨家河灌区的形成直接奠定了临河四区的基础，杨家在临河县建立初期的政治舞台上曾有过一席之地。我们将从杨家与杨家河、杨家与谦德西及杨家与临河县政三个方面，研究杨家与民国时期的河套社会的关系。

一、杨家建立杨柜城

　　今天内蒙古杭锦后旗的二道桥，民国年间又名杨柜、杨柜城，终民国时期，二道桥与杨柜、杨柜城是可以互换的同一地名。今天的二道桥有两大标志，一是胡杨树，一是杨家河桥，前者是自然标志，后者是人文标志。二道桥的胡杨树，据考证植于明朝万历年间，距今已有四百多年的历史，依然枝繁叶茂。杨柜城为杨家所建，是民国时期河套西部水利开发催生的城镇。杨柜城是杨家河灌区政治、经济和文化中心，为河套西部农业社会的形成和发展起到了重要作用。

(一)历史沿革

我们来研究一下杨柜城的历史沿革。杨家从杨谦、杨万走西口到河套以后，杨氏家族为了生计曾在河套各地迁移。张启高亲自采访过八杭盖杨云林，他在《杨家河与杨家》中写道：杨家"起初居住在五原县的白家地（又叫蔡家地）。光绪二十六年前后，又先后在份子地（现临河县境内）、永成泰（现磴口县境内）、二道桥（杭锦后旗境内）等地居住"①。这里说在光绪二十六年（1900年）前后杨家搬到临河份子地，应该主要指杨满仓家庭。《临河县志》记载杨茂林"家于永济渠侧"，指的应该是1900年左右杨满仓家庭迁居到临河份子地境内。在杨满仓家庭迁居到临河稍前，杨米仓家庭迁居到磴口的永成泰。民国五年（1916年），因为开挖杨家河的需要，杨满仓家庭与杨米仓家庭分别从临河和磴口来到二道桥。为什么选择二道桥作为杨家的指挥中心呢？因为二道桥位于杨家河中部，便于统一组织开渠事宜与掌控杨家河上游和下游。民国五年（1916年），杨家迁居二道桥并修建城池；民国五年（1916年）冬，杨家准备好开渠的粮款器具；民国六年（1917年）春，杨家河正式动工；民国八年（1919年），杨家河干渠挖至杨柜附近，在杨家河上修建第二道桥，杨柜又因此得名二道桥。现在二道桥镇杨家河上的桥是20世纪50年代所建，到今天已经翻修过三次。原来的桥位置是在现今的桥南一公里旧陕坝渠口处，杨家河二道桥的旧闸也在那里。②

杨柜城顾名思义就是杨家掌柜的居住地、杨家的总柜所在地。清末民初河套地区地商的居住地被称为公中或者某柜。杨家因为在河套四十余年的水利实践，尤其是杨满仓承包沙和渠十年，在一定意义上已经是掌柜，所以在杨柜城出现之前，杨家及其当家人可能已经被称为"杨柜"。但杨柜真正在河套广为人知，还是杨家河的开挖与杨柜城的修建。杨家在杨家河开挖的十年过程中聚族于杨柜城，实行"中央集权制"管理。杨家包租杭锦旗的土地并开挖杨家河，杨家河的开挖、管理、经营是完整的一体，杨柜城作为杨家的居住点和指挥中心，起着全盘领导作用。杨柜城由一个总掌柜负总责，总揽杨家河渠务、土地包租承租、借贷还贷、家族事务等事项，在家族事务中的作用举足轻重。杨柜城内的杨家掌柜最初是杨满仓，后继者为大杭盖杨茂林和二杭盖杨春林。在民国时期，"杨柜"共有四种含义，一是指杨柜城及周边农村一带地方，二是指杨柜城，三是指杨氏家族，四是

---

① 张启高. 杨家河与杨家[Z]//杭锦后旗政协文史资料编委会. 杭锦后旗文史资料选编：第5辑，1990：95.

② 关于二道桥杨家河桥的情况，主要依据郭钟岱笔记，2016年8月. 郭钟岱，1943年生，退休干部.

指杨家的掌门人、掌柜子。杨柜城的修建对于杨家的特别意义在于，杨家正式拉开架势成为河套一大地商。

杨家在民国五年(1916年)修建杨柜城的过程，限于史料，今天已经不得而知。杨柜城建立之后的发展轨迹是，由杨家的私家城池逐渐发展为河套西部的政治、经济和文化中心。民国初年，河套只有五原一县。民国十四年(1925年)，五原分出临河设治，共分为四个区，四个区公所分别是一区永康村、二区庆云村、三区太安镇即陕坝、四区平政村即杨柜。四区属乡六个，村庄六十九，乡名分别为平顺村、平政村、平成村、平定村、平治村、平北村。[①] 这时杨柜有了官名平政村，以后又叫作平政乡，属于临河第四区的一个乡，平政乡乡公所与临河四区区公所都设在杨柜城内，杨柜城成为临河四区即杨家河灌域的政治中心。民国三十一年(1942年)，傅作义在河套推行新县制，临河第四区和第三区的一部分设立米仓县，平政乡即杨柜、二道桥隶属米仓县。1953年，米仓县改称杭锦后旗，二道桥隶属杭锦后旗。此后，杨柜、杨柜城的叫法逐渐不在社会流行，慢慢变成一种历史记忆。迄今二道桥仍然为杭锦后旗的一大农村集镇，这和历史有非常紧密的联系。

(二)居民与城防

在杨柜城营建与得名之前，这一带地区至少在清朝末年可能已经有人居住和活动。据智纯说，杨柜城内的城隍庙，前身可能是一座喇嘛庙，大约建成在清朝末年。清朝末年至民国初年，杨家河尚未兴修，这片地方没有水浇地，不具备居住较多人口的条件。喇嘛庙建立在这边，大概是因为这边有一片胡杨林，风水较好，适宜建立寺庙。也就是说，这片地方的最初居住者是僧人，来这里活动的人主要是烧香拜佛的佛教信徒，当以蒙民为主。民国五年(1916年)时，大杭盖杨茂林已经做好开挖杨家河的准备，就举家迁居到二道桥。为了生活与安全的需要，杨家就在原喇嘛庙的周边建筑起一座城池，自然得名杨柜城。杨柜城内有一个大院落，就是杨家大院，杨家在杨家大院聚族而居。当时杨满仓、杨米仓共育有九男四女，杨茂林、杨春林、杨文林、杨铎林、杨鹤林等也生儿育女，一家老老少少几十口。杨氏族人按照长幼有序、男女有别的原则，各家各人都有自己的房间。智纯是杨米仓的外孙，其童年在杨柜城度过，童年的他把杨家大院作为自己锻炼穿墙越脊技艺的场所，在大院里玩"飞檐走壁"。

杨柜城本来是杨家建立的私家城池，杨家是杨柜城的修建者和管理者，杨柜城的居住者主要为杨家与杨家的佃户。随着杨家河的开挖和杨家河灌区的开辟，杨家河两岸社会经济发展，更多的走西口人民慕名而来，杨柜城内的居住者逐渐变得复杂起来，有杨家及其佃户，也有新增加的移民。民国十五年(1926年)杨家分家，杨家各户分散到各地居住，杨柜城内的居民也更趋多元化。民国十四年

① 周晋熙. 绥远河套治要[Z]//沈云龙. 中国近代史料丛刊三编：第89辑. 台北：台湾文海出版社，2000：412.

(1930年)设临河县，分设四区，四区的治所选择在杨柜城，说明其时的杨柜城经历十数年的发展已经具备了成为政治中心的基础。在杨柜城成为临河四区的政治中心之后，杨柜的发展更快，逐渐由一家一姓的城池变成一座容纳农、工、商、教、学诸类居民的小城镇。

民国时期的杨柜城经过三次修建。杨柜城最初为民国五年(1916年)杨家所建；民国二十九年(1940年)左右，由政府出资重修城墙及城内设施；民国三十七年(1948年)，政府在城内建立小城。民国二十九年(1940年)之前的杨柜城，方圆大致与今二道桥镇中心区域相当而略小。杨柜城筑有城墙，城墙高近两丈，宽一丈余，除了靠近城门处用砖砌成外，其余都是土夯而成。有城门可供行人出入，共有东西两个城门，至今二道桥政府所在地东西两片农田还有东门、西门的称谓。城门一般早晨六七点开门，晚上太阳落山关闭。城外有护城河即杨家自己开挖的杨家河支渠陕坝渠。最初杨柜城内没有井，全城的饮水依靠陕坝渠，夏天人们挑水，冬天把渠里的冰打下来藏在地窖里，冰化为水就可饮用。城墙上部设有垛口，以备保卫人员巡查之需。杨柜城是杨家修的堡垒，主要功能是防御匪患和游兵散勇的侵扰。当时匪患非常普遍，杨柜城是临河四区治所，临河县四区和所属各乡的公安和武装力量抓捕到土匪后，将砍下的土匪首级挂在高高的城墙之上，少则二三个，多则二三十个。据智纯回忆，杨家有自己的武装力量保卫杨柜城。民国初期，军阀混战，社会治安不稳定，社会上作案的小股土匪非常多，而且在河套地区活动的武装力量组成、性质复杂而混乱。一些散兵游勇，也许今天是保民的，明天就是扰民的，百姓很难分清哪些是保民的队伍，哪些是扰民的队伍。那时无论是五原县还是临河县，政府力量都非常有限，往往不能有力保证人民生命财产的安全。在当时的社会条件下，为了防御侵害，大户人家差不多都有自己的武装力量，一般由十个、二十个人组成。在智纯的印象中，杨家出钱组织一支武装力量，属于地方的防卫力量，政府承认其合法性，但不属于政府的正规军编制，由杨家组织管理，一切开支由杨家负责。当时政府的武装力量和杨家的私人武装往往是合一的，虽然政府另有专门的公安机构和委派负责人，但实际上只有杨家这一支武装。政府的力量不够，只能借助杨家的力量实现保卫地方的作用。二杭盖杨春林是杨家武装力量的负责人，主要任务是保卫杨柜城。这支力量主要起防御作用，平时执行巡逻任务，小股土匪不敢侵扰杨柜城，大股土匪也很难进入杨柜城。[①]

民国二十九年(1940年)左右政府重修的杨柜城，可能是在原址基础上加固、修整，南北长六百八十米，东西宽六百米，亦筑有城墙和四个城门，城墙四角设有炮台，城墙的主要目的是防洪、防涝和防空。当时流经杨柜城周边的陕坝渠和

---

① 关于杨柜城在20世纪二三十年代的状况，主要依据智纯口述，2015年8月。智纯，1922年生，杨米仓外孙，大学退休教授。

八柜渠经常决口，为了防止渠水进城，必须筑城墙围堵。同时，夏季降大雨暴雨，有了城墙的防护，也可以防止雨水进城。当时正处在抗战时期，为防范日本军机的空袭，居民们都在城墙顶部和内坡处挖有防空洞。防空洞的施工方式是在城墙内坡就地开沟取土，沟的开口约十米，深两米多，挖出的土都堆倒在内侧再夯实，墙体高两米多，沟的四面都连通。防空洞起到一定的掩体作用，日本人轰炸杨柜城时，城内百姓曾在防空洞内躲避炸弹。

民国三十七年（1948年）修建的小城，位置在旧城内的中心处，南北长一百三十米，东西宽一百三十米，呈正方形结构。小城城墙的修建方式是就地取土夯实，上面再用土坯砌成，土坯高约两米，整个城墙高约十米。小城建成后，破坏了旧城内的布局，旧城内的东西两条街道因挖土被毁掉，同时挖掉的还有临街的一些商铺，对商业造成较大的影响。[①]

（三）工商诸业

民国时期，杨柜城从一座私家城池逐渐发展为工商业集镇。民国五年（1916年）至民国三十七年（1948年），随着杨家河的开挖、贯通及杨柜城周边灌溉农业的发展，杨柜城也日益繁华。杨柜城最初为杨家建立的城堡，杨家作为当时杭锦旗最大的土地承包者、杨家河的所有者，全家集中居住在此地，必然对当地的经济发展起到促进作用。杨家在城内建有油坊、碾坊、磨坊、粉坊，主要用于自我消费，同时兼有商业性质。随着杨柜一带农业经济的发展与人口的增长，在民国三十七年（1948年）之前，杨柜城内从事手工业、商业和社会服务业的商号达到四十余家。当时城内手工业门类多种多样，能够满足人们生活上的各种需求，从事木器加工业的有王得元木匠铺、贾宏亮木匠铺、付家木匠铺、曹三曹五木匠铺；从事铁器加工的有张铁匠、马铁匠；从事手工纺织织布的有高换张、张群；从事米面加工的有周耀碾磨坊；兼营粉坊的有张云、王三，王三还兼营糖坊；兼营油坊的有杨八柜。杨八柜即八杭盖杨云林，他所经营之油坊为民国十五年（1926年）杨家分家时所得祖业。杨柜城内的社会服务业有从事医药服务的张生易的"德生堂"大药房、从事邮政服务的卢信邮政代办。当时杨柜城内的商铺，主要有"益德昌"商铺、"益合成"商铺、老孔商铺、岳贵商铺、刘栓牛商铺及其他小商铺。杨柜城的商铺主要为河北高阳人所开，商品主要运自宁夏。"益德昌"是民国时期杨柜城内最大的一家商铺，据智纯回忆，从他有记忆起，杨柜城内就有一家河北人刘振亭开的百货店，经营烟酒糖茶日用百货，叫作"益德昌"。此家店铺规模大，店面有三间，而且信誉好，货真价实，童叟无欺，持续的时间也很长。"益德昌"凭借自己的信誉逐渐发展成为杨柜城的老字号，直到今天，一些年龄在七十岁以上的

---

① 关于杨柜城第二、第三次修建情况，主要依据郭钟岱笔记，2016年8月。郭钟岱，1943年生，退休干部。

人还能记忆起这家商号的名字。① 杨柜城拥有如此完备的集镇体系，难怪整个民国时期都是杨家河灌区的经济中心，或者至少是中心之一。

民国三十七年（1948年）杨柜城修建小城，挖土后城墙下面全是深坑，长年积水造成环境污染，商铺经营也困难了。一年之内商铺锐减，原来的四十余户减少一半，有实力的迁到了陕坝，有的只好改行。这是民国时期杨柜城工商业遭遇的最大挫折。

(四)文化与宗教

杨柜城同时是民国时期杨家河灌区的文化中心，这主要体现在教育、宗教和文娱三个方面。杨柜城在河套教育史上的地位，体现在一所完全小学上面。在杨柜城建立起的头十年，杨柜城只是一座私人城池，还没有政府机构的设置，也没有官办的教育机构。据《临河县志》记载，临河在民国十四年（1925年）设治，同年秋在县城设立初级小学，民国十五年（1926年），各区设立小学一所。民国十六年（1927年）秋，县立高等小学成立。民国十六年（1927年）冬，县立高等学校校舍建筑落成。这时临河县还没有正式建立，临河四个区的设置尚在初级阶段，所以先成立初级小学然后成立高级小学。民国十九年（1930年）临河县建立，全县分为四个区，每个区设立一所小学，这时每区的小学应该是完全小学。杨柜城既然作为临河四区的治所，四区的完小自然选址在杨柜城。《绥远通志稿》对杨柜城完小即临河县第四小学有如下记载："（临河）县立第四区小学校：地址，第四区平政村；成立年月，民国十九年（1930年）；全年经费，一千六百三十二元；现在学生班次人数，四班七十四人。"②据在这所小学毕业的智纯回忆，他在这所小学读到高小（六年级）毕业，学校的教师都是公派教师，教师的教学水平都不错，都比较合格。因为这里是临河四区的中心小学，教师都不敢马虎，在教学上都很尽职。在20世纪的二三十年代，学校既教学生写毛笔字又教学生写钢笔字，钢笔使用方便，逐渐开始普及。③ 在民国时期，临河县第四小学又叫杨柜城中心小学，中华人民共和国成立后更名二道桥中心小学，后来变为二道桥东方红村小学。这所小学无论在民国时期还是中华人民共和国成立后，都为杭锦后旗培养出大批人才。当时，二杭盖杨春林的"封地"在杨柜城东郊的陕坝渠周围，杨春林之孙、杨义之子杨家瑞也在杨柜城出生长大，杨家瑞的启蒙教育也在杨柜城中心小学。杨家瑞后来成为我国著名篮球运动员，曾作为吉林省队代表参加过第一届全国运动会。

民国时期杨柜城的宗教信仰，以中国的传统信仰为主，同时也有外来宗教。随着杨家河的开挖，甘肃、宁夏、绥东、陕西、山西、河北、河南、山东等地移

---

① 关于杨柜城商号情况，主要依据郭钟岱笔记，2016年8月。郭钟岱，1943年生，退休干部。
② 绥远通志馆．绥远通志稿：卷四十（上）：水利[M]．呼和浩特：内蒙古人民出版社，2007：137．
③ 关于杨柜城中心小学的教师状况，主要依据智纯口述，2015年8月。智纯，1922年生，杨米仓外孙，大学退休教授。

民迁入杨家河灌区，以及外来宗教在河套地区的传播，使得作为杨家河灌区中心集镇杨柜城的宗教信仰呈现多元化特点。杨柜城的宗教信仰主要有道教、天主教、基督教及伊斯兰教。道教场所主要是城隍庙即关帝庙。杨柜城内最早寺庙应是蒙民的喇嘛庙，但随着杨柜城的营建和汉族人口的聚集，汉族的传统信仰兴盛起来，喇嘛庙逐渐没有香火，杨家就在原址胡杨树下将其改造为城隍庙。关帝庙应该建于20世纪30年代初，当时杨家河贯通南北，灌区经济得到发展，地方也具备了文化建设的条件。建庙资金来源于杨柜的地主及有实力的商户资助，杨家是主要发起人，当然也是主要出资者和供奉者。关帝庙施工由驻扎在杨柜城周边的一支部队承担，由一位姓马的团长指挥实施。关帝庙庙殿正中塑关公像，左右两边分别塑释迦牟尼像和观音菩萨像，亦佛亦道。智纯回忆说，自己小的时候经常去城隍庙看泥塑的鬼神，这些鬼神能满足儿童对神秘世界的好奇心。关帝庙选址在胡杨古树下，在杨柜城境内是最壮观的一处建筑，胡杨树也成为杨柜城的地理标志。关帝庙建成后，西侧又建了一座奶奶庙，据说也是杨家出资和供奉。此外，天主教会、基督教会在城内都建起了教堂，伊斯兰教民也有自己的组织，各种宗教信仰和谐共处。在中国传统节日，杨柜城远近信佛信道的人们就到关帝庙上香拜菩萨、拜关公。在星期天，天主教徒就到天主堂做弥撒，基督教徒就到耶稣堂做礼拜，伊斯兰教民也过起自己的宗教生活。[①]

民国时期杨柜城内外的居民主要文化娱乐活动是听戏。二人台是民国时期晋绥地区流传的地方戏种，深受杨家河灌区走西口移民的喜爱。在20世纪二三十年代，活跃在杨柜周边的二人台班子很多，经常走村串户或到街头演唱。杨家祖籍山西河曲，也非常喜欢二人台，每逢传统节日，或者杨家想听二人台时，杨家就会出钱顾请附近城镇的二人台戏班到杨柜城唱戏。随着农业的发展和商业的繁荣，文化生活也受到人们的更多重视，到40年代，杨柜城的戏剧表演也越来越丰富，每逢丰收季节或者农闲时期，大户就请来外地剧团和戏班子演唱，如艺名叫小月仙所在的晋剧团、陆德师的秦腔戏班子及三道桥梅林庙农校的演唱团。每年正月初一到十五是杨柜城内最热闹的时期，其间除了请来戏班子、二人台演唱外，商户和村民们自发组织起了高跷队，到大户院内、商户门前拜年演出，到正月十五热闹达到高峰，白天戏班子演出，晚上庙会广场办起了灯会，高跷队演完后再放焰火，城内居民甚至城外十多里的农民都要赶来观看。[②]

---

① 关于杨柜城的宗教信仰，参见智纯口述和郭钟岱笔记，2016年8月。智纯，1922年生，杨米仓外孙，大学退休教授。郭钟岱，1943年生，退休干部。

② 关于杨柜城的文化娱乐活动，主要依据郭钟岱笔记，2016年8月。郭钟岱，1943年生，退休干部。

民 国 三 十 七 年 （ 1 9 4 8 年 ） 杨 柜 城 址 及 周 边

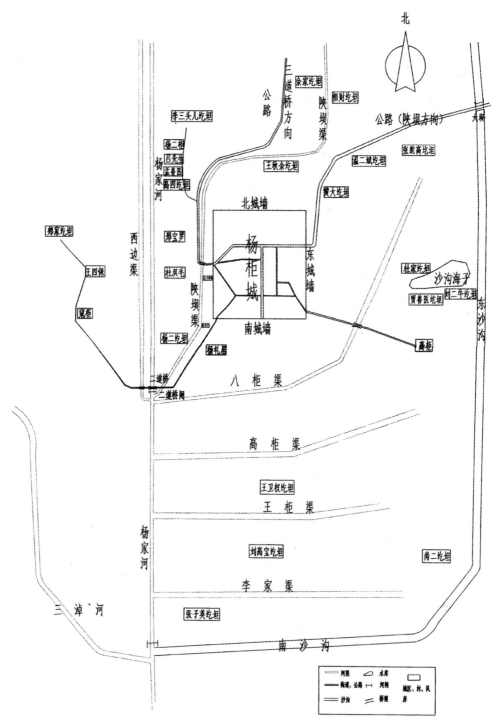

民国三十七年（1948年）杨柜城内旧址

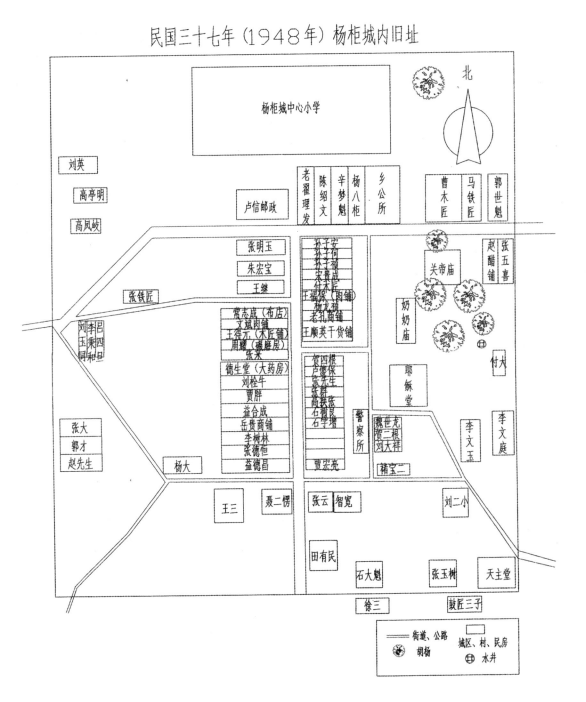

河套是一个因水而兴的地区，水利是河套人民的命脉。河套在近代以前是蒙古族游牧之区，晚清至民国时期，河套大规模的民间水利开发，使这一地区从牧业区逐渐转变为农业区。伴随经济形态的转变，河套的社会形态转变为农业社会。河套农业社会形成的标志有乡村的形成、城镇的建立及地方政府的设立等，而这些都与水利有着不可分割的联系。民国时期河套西部的水利开发催生了一批小城镇，杨柜城是典型代表。杨氏因为开挖杨家河而修建杨柜城，最初杨柜城是杨氏家族的指挥中心和私家城池。随着杨家河灌区农业经济的发展和人口的增加，杨柜城逐渐发展为河套西部的一座农村集镇。杨柜城是民国时期杨家河灌区的政治、经济、文化中心，为河套西部农业社会的形成和发展起到了重要作用。

二、杨家经营谦德西

谦德西是杨家在河套的商号，因为其生产设施中有酿酒的缸房，所以民国时一般人都称之为缸房或杨柜缸房。晚清民国时河套的地商，一般是以经营土地为主，兼及商业和矿业。晚清河套最大的地商王同春在五原办有"隆兴长"商号，设有油坊、粉坊、酒坊、炒米坊、碾磨坊和皮毛作坊。[①] 杨家同样是商耕并行。杨满仓是沙和渠开挖的渠头，沙和渠挖成之后租得了王同春的五六百亩土地，同时开有豆腐坊一处。杨茂林和杨春林从小在王同春的"同兴号"学习做生意，到民国三四年时已经是王家商业上的管家了。杨文林也曾长期做生意。在杨家河开挖过程中，商业一直是杨家事业的重要补充，如果没有商业提供的部分资金，难以想象杨家能完成杨家河这项浩大工程。谦德西是杨家在杨家河挖成前后成立的商号，也是民国时期河套商号之一。谦德西在杨家发展的过程中具有重要地位，如果说杨家的历史在杨家河开挖阶段以杨柜城为中心，那么在杨家河挖成经营阶段，杨家的历史就以谦德西为中心了。[②] 当时有一句流行的话叫作"杨柜不大通缸房"，意思是说杨家建立的缸房、谦德西在河套地区有很大的影响力，缸房、谦德西壮大了杨家的声势。

(一)谦德西的设立

杨家从民国五六年全家搬到今二道桥居住，营建杨柜城并且集中居住在一个大院落中，实行的是"中央集权制"管理。大约在民国十五年(1926年)分家，实行"分封诸侯"，让杨姓子孙到各自的地盘上管理、经营，每个杭盖都有自己的地域，

---

① 苏希贤. 王同春——河套水利开发的杰出人才[Z]//中国人民政治协商会议内蒙古自治区委员会文史资料委员会. 内蒙古文史资料：第36辑 王同春与河套水利. 呼和浩特：内蒙古文史书店，1989：51.

② 关于谦德西的设立、功能、防卫及问题等情况，主要依据智纯口述，2015年8月。智纯，1922年生，杨米仓外孙，大学退休教授。

各自为政。从此以后,杨家的各个杭盖从杨柜城迁至各自的领地上"开土辟疆",并且自负盈亏。杨家虽然从此各奔东西,但杨家河为全族共同所有,杨家的活动范围都在杨家河两岸,各家的发展还需要借助"大家"的力量,公共组织还有存在的必要。另外,杨家河渠水利公社也需要一个固定的办公地点。为了处理杨家河渠公共事务、支付蒙民地租和发展经济,杨家在杨家河灌区尾部今沙海红旗村(缸房村),建立总柜、公柜即谦德西、杨柜缸房。杨家分家前后,由杨姓九门子孙出资十股营建缸房,其中大杭盖(当时大杭盖已过世,其股份主要由杨忠、杨节出资)、二杭盖、三杭盖、四杭盖、五杭盖、六杭盖、七杭盖、八杭盖八门每门一大股,杨米仓遗孀杨张氏一大股,九杭盖杨旺林一小股,共计十股资金。因九杭盖尚未成年,实际上与其母张氏组合成一大股,简称九大股。谦德西的土地属于九大股共有,利润由九大股分红。

谦德西是杨家在河套地区建立的第二个指挥中心。杨家的第一个指挥中心是杨柜城,杨柜掌柜是杨满仓和杨茂林。民国十五年(1926年)杨家分家前后,大杭盖杨茂林去世,二杭盖杨春林接任掌柜,因为杨春林的"封地"在杨柜城西,所以杨家的指挥中心仍然在杨柜城。民国二十一年(1932年)杨春林去世,杨家河的渠道网络基本建成,杨柜统一指挥杨家河工程的历史任务已经完成,杨家的重心转变到杨家河管理和商业经营上面,杨家的指挥中心从此转移到缸房。缸房主要承担杨家河渠水利公社公务与经营公柜土地、谦德西商号。杨家的当家人、掌柜在很大程度上已经只是名义上的了,在杨家内部事务上主要负责公柜土地的经营和谦德西商号的经营,在家族中的权力非常有限。杨家在民国十五年(1926年)开始分立门庭,谦德西的掌门人在家族内部的话语权已不如从前,但杨家基本上坚持"不分家"的原则,即公柜的公产是族人共有,一些族人需要时可以分配给他们。在缸房先后主持公柜的有三杭盖杨文林、四杭盖杨铎林及六杭盖杨占林。在民国二十一年(1932年)杨春林去世之后,三杭盖杨文林开始主持杨家公柜,直至民国二十四年(1935年)去世。之后由继任者四杭盖杨铎林主持公柜,直至民国三十五年(1946年)去世。五杭盖杨鹤林去世在四杭盖杨铎林之前,没有主持过公柜。当六杭盖杨占林开始主持公柜时,杨柜缸房已经是"风雨飘摇",难以为继了。

(二)谦德西的功能

谦德西的功能主要是管理杨家河渠水利公社公务、经营公柜土地、支付蒙民地租以及经营工商业。

民国十八年(1929年)包西水利会议决定,包西各大干渠组建水利公社。杨家河当时虽为杨家私有,也组建了杨家河渠水利公社,水利公社经理一职固定由杨家人担任。按照杨家"林"字辈依次主持家族事务的规律,杨家河渠水利公社一职依次由二杭盖杨春林、三杭盖杨文林和四杭盖杨铎林担任。杨铎林于民国二十四年(1935年)至二十七年(1938年)担任杨家河渠水利公社经理,其办公地点一直在谦德西。杨家河渠水利公社的人员组成有总经理、文牍、办事员、勤杂员等。张九皋是杨铎林担任杨家河渠水利公社经理的文牍，即账房先生。杨米仓的外孙智纯在临河第四小学毕业后，就到谦德西当学徒，主要是为账房先生张九皋提茶倒水和打杂跑腿。[①] 民国二十八年（1939年）绥远省政府将杨家河收归公有，杨家河渠水利公社经理一职就不再由杨家人担任，水利公社的办公地点也就另移他处。

谦德西是杨家九大股的公柜，最初拥有东、南、西、北四大牛犋，后期只剩下西牛犋。最初谦德西拥有的四大牛犋，每个牛犋的土地在百顷以上，所以经济实力相当雄厚。东牛犋的位置在小召刹太庙附近，西牛犋的位置在三道桥一带，南牛犋的位置在二道桥杨家河西岸一带，北牛犋的位置在四支一带。后来东牛犋分给五杭盖杨鹤林的后代，南牛犋成为二杭盖杨春林之子杨义的地盘，北牛犋由三杭盖之子杨孝来掌管，公柜缸房就只剩下西牛犋，由四杭盖杨铎林掌管。牛犋的主要用途是管理田地的耕种、作物的收获。谦德西的公柜土地本系承包自蒙民，土地有数百顷之多，但杨家自己难以打理，所以采取转租的办法，转租给蒙、汉人民耕种。

杨家河流经的土地，其中有相当一部分包租于蒙旗，杨家就需要付给蒙旗地租，这主要由公柜承担。公柜所收水租、地租用以支付蒙民的地租及政府的赋税。谦德西同时是一个综合性作业区和商铺，建有油坊、酒坊、碾坊、磨坊、粉坊、糖坊，加工油、酒、米、面、粉、糖。同时养牛、养羊、养猪，当时缸房大院内骡马成群、牛羊满圈。谦德西每年供给蒙民钱、油、酒、米、面、粉、肉、糖，以支付包租土地的费用。在生活物资缺乏的20世纪20—40年代，蒙民一般比较青睐实物。谦德西有专门的账本，每个蒙民的名字、土地数量、股份都清楚记载，杨家根据账本该给多少给多少，蒙民则根据自己的情况，在缸房所能提供的商品范围内，想要什么可以任意挑选。当时蒙民也有要钱的，但以商品为主。临近春节，是缸房非常忙碌的时间，缸房要杀牛、杀羊、杀猪供给蒙民。炒米的供应量很大，每年炒几千斤炒米，因为每家蒙民都需要炒米。除了油、酒、米、面、粉、肉之外，蒙民对砖茶、白糖、黑糖（红糖）的需要量也很大。对于蒙民需要而杨家自身不能生产的商品，杨家专门从北部小镇购买回来，然后再转卖给蒙民。蒙民依照自己土地的数量，地多多要，地少少要。经常有蒙民出现超支，第二年就扣除今年的超支部分。蒙民对谦德西很信任，一是谦德西的商品没有假货，二是在价格上也比较公道。蒙汉之间互相信任，货的价格有高低，但没有假货。蒙民对诚实看得很重，就怕汉民说假话，一旦发现被欺骗，就不再与之打交道。有时杨家的货的质量不太好，只要给蒙民解释清楚，蒙民也会原谅。因为谦德西和蒙旗的特殊关系，谦德西的掌柜与杭锦旗王爷也有不错的私交。智纯回忆说，有一年

---

① 智纯口述，2015年8月。智纯，1922年生，杨米仓外孙，大学退休教授。

杭锦旗王爷途经谦德西，谦德西上下热情欢迎这位尊贵的客人，且给予最高规格的款待。

谦德西有各种手工作坊，生产加工米、面、油、酒、粉、肉等商品，不但以地租的形式供应给蒙贵族，而且运输到阴山南北出售。谦德西的粮食甚至出售到上海。杨家将谦德西设立在杨家河比较靠后的位置，主要出于此处接近阴山南北的蒙民，便于和蒙民做生意的考虑。民国年间蒙民比较喜欢汉族的工业品，杨家的工业品在阴山南北一带比较有信誉，有的汉族小商贩将杨柜缸房的白酒贩卖到阴山内部的蒙古族聚居地出售。另外杨家曾计划在阴山里开矿，最后没有开成，在今乌拉特后旗的阴山南麓青山镇附近还有一处山口叫作"杨柜口子"，就是当年杨家所开凿的进山通道。①从事远途贸易也是谦德西商业的重要方面，商业路线是在河套与上海之间，包头是中转站。杨家的粮食从谦德西出发，先运到陕坝近郊园子渠，然后用木头船从黄河水运至包头。②当时的陕坝园子渠口是临河三、四两区的水运码头，陕坝与包头之间，船来船往异常繁忙。杨家备有一艘大木头船专门往包头运粮食，一部分粮食在包头售卖，然后购进包头大德兴布匹庄的货物，再转运回后套出售；一部分粮食从包头运至天津，从天津港海运到上海，在上海将粮食变卖成现钱，或者购买毛巾、袜子、火柴等货物，再将这些货物运到包头，从包头转运回后套出售。③当时在包头的老道行子（财神庙行子），有杨家设立的一个商业据点，是杨家的一个转运站。杨家从河套水路运到包头的粮食，在包头中转后运到天津和上海，返程从上海运回工业品到包头后中转到后套。一往一返间需要的接交和账目结算，就在设于老道行子的商业据点进行。杨家在老道行子供奉一个土默特旗籍喇嘛，以祈求财源广进。④谦德西的远途贸易负责人是七杭盖杨桂林，他坐镇包头大德兴，实际上负责货物交易和资金周转。当时谦德西有内外分工，四杭盖杨铎林是总负责人，主要是管理杨家河渠水利公社西牛犋；杨茂林长子杨忠和六杭盖杨占林主要负责谦德西的周边土地经营以及商品生产加工；杨桂林主要是负责远途商业经营。抗战开始后，日本侵占包头，杨桂林迫不得已回到后套，谦德西的商业也遭到沉重打击。⑤

此外，谦德西还是杨家河灌域尾部的政治、文化中心之一。从政治上看，平化乡的乡公所就设立在谦德西。从文化上看，谦德西设有缸房小学，招收一至三年级学生。当时河套地区教育十分落后，人们的文化水平普遍较低，绝大多数人都是文盲，开办一所小学在当时是一件非常了不起的事情。杨米仓孙女杨淑贞就

---

① 杨世华口述，2015年8月。杨世华，1952年生，杨满仓玄孙，杨文林曾孙，个体户。
② 邱换口述，2015年8月。邱换，1935年生，缸房村人，农民。
③ 杨淑贞口述，2015年8月。杨淑贞，1934年生，杨占林之女，退休干部。
④ 杨世华口述，2015年8月。杨世华，1952年生，杨满仓玄孙，杨文林曾孙，个体户。
⑤ 杨淑贞口述，2015年8月。杨淑贞，1934年生，杨占林之女，退休干部。

曾在缸房小学读书。①

(三)谦德西的防卫

杨家十分重视谦德西的防卫。民国初期的二三十年代，河套地区政治局面不稳定，在傅作义入驻河套之前，各个军阀在不同时间段都控制过，包括杨家河灌区在内的河套地区，"政府"像走马灯一样更替，当时河套地区土匪成患，谦德西的安全保卫工作就显得非常重要。谦德西就像一个堡垒，四周筑有城墙，城墙四周各筑有一个炮台，城墙中部有门洞，城墙是土夯的，城墙上部有垛口，是青砖砌成的，城墙大约高一丈八，宽一丈六，城墙顶部的路能赶牛车。谦德西的安保力量主要由两部分组成：一部分是地方武装，一部分是蒙古游击队。地方武装是地方政府的武装力量，谦德西与地方武装力量的关系，一方面，谦德西的财产、居民需要地方武装的护卫；另一方面，谦德西是临河四区的大户，地方政府要从谦德西收取赋税，地方武装也需要生活供应。所以地方武装支持、保护谦德西，而谦德西供给地方武装米、面、油、肉等生活物资。在当时的环境下地方武装力量非常有限，谦德西的防卫主要由蒙古游击队承担。当时河套的蒙旗成立了一些武装游击队，以防止土匪抢劫。谦德西与蒙古族游击队休戚相关，一方面，谦德西的财产、居民需要蒙古族武装力量的护卫；另一方面，杨家是临河四区的大户，是杭锦旗蒙民土地的主要承包者，谦德西是供应蒙民地租的公柜，蒙民要从谦德西收取地租，蒙古游击队也需要谦德西的生活供应。这样，谦德西与蒙古游击队就结成了互利互惠关系：从杨家的角度看，蒙民是杨家的"主人"，杨家承包杨家河灌域的土地得自这片土地的原住蒙民，如果蒙民不将土地承包给杨家，就没有杨家河的修挖和杨家的事业，杨家的收入相当大一部分最后要供给蒙民，公柜有蒙民的保护当然是一件好事；从蒙民的角度看，杨家河的开挖使蒙民原有的牧场开辟为耕地，谦德西成为蒙民的"衣食之源"，很多蒙古游击队员觉得作为这片土地的"主人"，有责任和义务保卫缸房的安全，保卫缸房等于保卫自己。蒙民专门派遣一二十人，约一个排的游击武装驻守缸房，而缸房专门为蒙民游击队安排住处即游击队所，并且包揽游击队员的饭食，还派有专人为游击队员提供提茶、跑腿服务。谦德西既筑有较高大的城墙作为防御工事，又有蒙古游击队的尽心保护，一般大股土匪进不去，小股土匪不敢去。在抗日战争时期，傅作义在谦德西设有保管员，且驻有军队，以保证军粮的缴纳与转运。

(四)谦德西的问题

谦德西发展中存在的问题，主要表现在沉重的债务负担和经营管理。首先看债务负担。杨家在杨家河开挖之初资金严重不足，主要靠大量举借外债来维持开

---

① 杨淑贞口述，2015年8月。杨淑贞，1934年生，杨占林之女，退休干部。

渠工程。杨家的外债主要包括两大部分：一部分是天主教会的外债，一部分是借自地商、地主等大户的外债。杨家向天主教堂借的钱到杨家河收归公有时尚未还清。杨家向各大户借的钱同样一直是沉重的负担。据智纯回忆说，在他十多岁时，在民国二十年至三十年（1931—1941年），宁蒙交界处的大老财张五拉经常到杨家讨债，他记得有一次张五拉套着骆驼车到杨柜缸房要债，来时两手空空，走时从缸房拉走米、面、油、酒、粉、牛羊肉等生活物资几大车。四杭盖杨铎林、五杭盖杨鹤林都说杨家的债还不清，把缸房卖掉也还不清。当时杨家的不少借款是"利滚利"，本生息，息变本，致使欠款成为天文数字，还了多少年也还不清。智纯甚至说，谦德西垮就垮在沉重的外债。智纯从杨柜城小学毕业到谦德西做学徒，几乎每年都碰到大量要债的，某种意义上说谦德西是还债还穷的。杨家自开河以来举借的大量外债，使谦德西的盈利几乎都用在外债偿付上面，很难进行资本积累和扩大再生产。其次看经营管理。杨家在谦德西的三个掌门人依次是三杭盖杨文林、四杭盖杨铎林及六杭盖杨占林，其中杨文林是一个较好的掌门人。杨文林主政谦德西的三四年是谦德西发展的黄金时期。大约在民国二十四年（1935年），三杭盖杨文林站在缸房村房顶的烟洞上看缸房渠的水下来没有，当他看到渠水下来后，心情过于激动，一头从烟洞上栽下来，重伤而亡。而在杨文林去世前，在民国二十二年（1933年）至二十三年（1934年），比较有能力的五杭盖杨鹤林患肺气肿去世。继任谦德西掌门人的四杭盖杨铎林，管理能力较诸兄为弱。杨满仓的长孙杨忠是谦德西工业生产和产品分配的负责人，个性相对温和，对谦德西内部的一些不良现象也很无奈。谦德西的工业品除外销外，还用来满足杨家逢年过节的生活所需。每当节庆日，杨氏各门都可以到谦德西领取物资。一般杨家人是用多少拿多少，都很自觉，但也有例外。张氏是杨米仓的遗孀，是六杭盖杨占林、七杭盖杨桂林和九杭盖杨旺林的生母。民国十一年（1922年）杨米仓在杨家河的开挖过程中去世，失去丈夫的张氏从此为杨家终身守寡。因为她在杨氏全家族中的辈分最高，个人遭遇比较坎坷，性格又比较强势，她到谦德西就经常多拿多要。当时也没有人敢说敢管，杨忠对其十分头疼，有时看到这位奶奶到来就用被子把头一蒙，假装什么都没有看到。虽然在家族内部应讲究情分，但这至少说明谦德西在管理上有时存在公私不分的弊病。

随着日本侵占包头，谦德西的远途贸易被阻断；随着三杭盖杨文林的离世，杨家失去了好的掌门人；四杭盖杨铎林担任杨家河渠水利公社经理的几年中，杨家河水租入不敷出，杨家甚至得为杨家河贴钱；随着傅作义抗战大军入住河套，对粮食的严格管控，杨家背上沉重的赋税负担；再加上永远还不完的外债和一些杨氏子孙的挥霍，谦德西的经营每况愈下。四杭盖杨铎林在民国三十五年（1946年）夏天因病去世，继任掌门的六杭盖杨占林已经掌控不住局面。民国三十六年（1947年），西牛犋的掌管者四杭盖杨铎林之子杨从将西牛犋的土地、杨家的院落、牲畜卖给了杨家的佃户李二高，谦德西周边的农田几乎被售卖一空。1947年冬杨家分了剩余的土地，存在了二十年的谦德西宣告解体，这一民国时期河套西部重要商号的历史画上了句号。

三、杨家与临河政坛

西汉在河套西部设立临河县，隶属于朔方郡，"自汉后，朔方郡或废或复、或省或并，时易势殊，书阙有间，郡城既迭经变迁，县城亦莫定方位"[1]。民国重建的临河县脱胎于五原厅与五原县。光绪二十九年（1903年），清政府在山西省归绥道萨拉齐厅的西部分设五原厅，民国元年（1912年）改五原厅为五原县。民国十四年（1925年）五原县西界杭锦、达拉、乌拉等旗地隶临河设治局，"择地于强油坊，建筑县城，名虽仍旧，城则肇新"[2]，新建的临河设治局选址于强家油坊，仍沿用汉时旧名，实际是一座新城。民国十九年（1930年），临河县成立。清末民初时期河套地区设立厅县是大规模农田水利开发和农业人口增加的必然结果。清末至民国时期河套开发的顺序是先东部后西部，反映在地方政权的设置上就是从五原厅、五原县到临河县。临河县的建立是河套西部自民国以来水利和农业发展的标志。杨家河的开挖直接奠定了临河第四区的基础，所以《临河县志》几乎将杨家河之开挖列为临河县的第一大事，杨家也在临河县建立初期备受政府推崇。因为杨家对临河县创设的贡献，以及几个杨家人所具有的政治才能，杨家在临河县建立初期的政治舞台上比较有影响力。民国十四年（1925年）临河设治，杨家河干渠工程已接近尾声，杨家河灌区被划为第四区，大杭盖杨茂林被选为第四区区董，二杭盖杨春林任第四区区长。[3] 据智纯说，区董是当时一种政治和经济结合的官员形式，其责任主要是军事防御。[4] 区长和区董应该有所区别，区长比区董更正规，具有"长官"的意味，而区董就是一区的主要缔造者或最有威信者，更多是一种荣誉称号，并非实授官职，而区长才是一级地方官员。[5] 大杭盖杨茂林在民国十五年（1926年）二月因劳而逝，担任区董的时间很短，实际活跃在临河县初期政治舞台上的主要是二杭盖杨春林和五杭盖杨鹤林。我们现在讨论杨家在临河县初建之时的政治活动，主要依据是民国《临河县志》。民国《临河县志》是河套地区在民国时期仅有的一部地方志，执笔人王文墀，在语言风格上往往比较浮夸，但这并不影响《临河县志》的史料价值。到目前为止，民国《临河县志》在研究临河县初建时期的历史上面，还没有其他史料可以替代。

---

① 巴彦淖尔市地方志办公室. 临河县志[M]. 海拉尔：内蒙古文化出版社，2010：180.

② 巴彦淖尔市地方志办公室. 临河县志[M]. 海拉尔：内蒙古文化出版社，2010：180.

③ 巴彦淖尔市地方志办公室. 临河县志[M]. 海拉尔：内蒙古文化出版社，2010：237-238.

④ 智纯口述，2015年8月。智纯，1922年生，杨米仓外孙，大学退休教授。

⑤ 在《临河县志》中有时也把区长称为区董，可见区董也可以作为区长的笼统称呼，严格说来二者有一定区别。

(一)杨春林与临河政坛

杨春林既擅长持家又擅长应世，既有血性又有谋略，在杨家河开挖过程中曾有不凡表现，同时在临河县初建时期也有不错的政绩。民国十四年(1925年)临河设治，杨茂林任第四区区董，杨春林任第四区区长。当时临河县地域广阔，为便于管理，设立三级行政机构，县下设区，区下设乡。临河县初建，因为人口稀少，乡公所所在地实际上是一个村，区公所所在地一般是一个比较繁华的小城镇，县区两级是比较正式的政府机构。民国十八年(1929年)，杨春林开始任临河县建设局局长，直至民国二十一年(1932年)去世，其间主要政绩有参与临河建城、临五划界、收回黄济渠利权及其他政绩。

杨春林参与了临河县的建城工作，是临河城的建造者之一。"民国元年，改五原厅为县治……十四年七月，析五原西界地隶临河设治局。九月，筑临河县城。"[①]时任临河设治局长的萧振瀛，"抱进取之壮怀，负建设之全责，凡百措置，均能不惮劳，不畏难，贞以毅力，贯以全神，不苟一时之安，用策百年之计。"[②]经过临河县官僚绅董精心设计，确定了建城方案："城垣周围计一千八十丈，城四门，东曰翼绥，南曰澜安，西曰通宁，北曰敷化。城基地计二十顷有奇，悉民间地产，出厚价收买，民争献纳，无敢匿。官为之编号、画方，每宽、长十丈为一方，地分三则，平价招领。划市廛，定民舍，限期建筑。逾限者收其地，不稍宽假。又为之分经路四，纬路二十有四，坛庙基址若干区，学校基址若干区。其规划井井也如此。其建筑官舍也，堂勿取高，室勿取广，榱梁勿尚雕镂，屏壁勿尚丹漆。"[③]在萧局长领导下，临河的城垣、城门及城内建筑街市、民居、寺庙、学校都规划得井井有条。然后开始施工，"爰进工师，董乃事，分乃职。大者总其成，小者执其艺，披星而作，戴月而息，计月课绩，计日课工。肉于俎，酒于盅，钱于楼。勤者赏，惰者罚，人人乐于从事而事易集"[④]。整个施工过程权责分明，赏罚分明，工程紧张有序地进行。当时负责临河城施工的临河四区的地方绅董有："李区董增荣、陈区董占财、傅区董正业、杨区董春林、于会长相龙、田会长全贵、王董事绩世。"[⑤]包括杨春林在内的工程负责人，群策群力，"智者用智，巧者用巧，材者用材，谋者用谋"[⑥]，终于在冬季来临时完成一百余间城内建筑，但建了一半的城垣却只能停工。民国十六年(1927年)夏天，新上任的临河设治局局长吕咸召开地方行政会议，成立"城工建筑处"，以一区董李增荣为总负责，各区董"分股办事"，

①　巴彦淖尔市地方志办公室.临河县志[M].海拉尔：内蒙古文化出版社，2010：181.
②　巴彦淖尔市地方志办公室.临河县志[M].海拉尔：内蒙古文化出版社，2010：181.
③　巴彦淖尔市地方志办公室.临河县志[M].海拉尔：内蒙古文化出版社，2010：181-182.
④　巴彦淖尔市地方志办公室.临河县志[M].海拉尔：内蒙古文化出版社，2010：181-182.
⑤　巴彦淖尔市地方志办公室.临河县志[M].海拉尔：内蒙古文化出版社，2010：182.
⑥　巴彦淖尔市地方志办公室.临河县志[M].海拉尔：内蒙古文化出版社，2010：182.

用时二月完成城垣工程。①

临河县城选址在永济渠东侧，当时永济渠经常决口，严重威胁县城人民的生命财产安全，为防止水淹，临河县城外筑有护城坝。民国十八年（1929年）三月，"永济冰汛大涨，李三渡口决口，水逼护城河坝，阖城文武官吏及绅董均守坝上"。临河县的主要官员，"黄局长彦邦、王旅长奎元、公安局郝局长晋纲、教育局局长王文墀、财务局李局长增荣、建设局杨局长春林、商会会长于相龙、绅董王绩世、董继舒、康宝铨、阎天昌"等人，"分督民夫二百余人，负土束薪，络绎抢险，明炬照耀三四里如列星。时则天冥风急，波涛汹涌，拍坝水溅人身如珠泻"②。杨春林等绅董冒着大雨带领百姓连夜抢险，最后终于保住了县城，但是临河水患并没有根治。民国十九年（1930年）四月，召开绅董大会讨论永绝水患的办法，鉴于迁城的成本太大，只好决定加高加厚旧有护城坝。同年六月一日加固护城坝工程开始，七月十日完工，"计坝高五尺，宽一丈，长一千三百余丈"，加固的护城坝较好地保卫了临河城安全。

杨春林参与了临五划界，为临河县疆域的划定做出了贡献。"光绪二十九年，析萨拉齐厅之大佘太附益以达拉特、杭锦、乌拉特三旗为五原厅。民国元年，改五原厅为县治。八年，析县东界所属之乌拉特中旗地及武川西界茂名安旗地，隶固阳设治局。十年，析县东南界所属之达拉旗及乌拉特前旗地，隶包头设治局。十四年，析县东界乌拉旗地，隶大佘太设治局；析县西界杭锦、达拉、乌拉等旗地，隶临河设治局。"③临河是从五原划出的一个新县，"临河疆域纯由五原县划定"④，可以说五原是母县，临河是子县。五原在清末曾是河套的代称，地域辽阔，民国以来逐渐从五原东部分出固阳、包头、大佘太等县，又从西部分出临河县，统辖范围越来越小。"临河设治，划丰济渠以西地益之"⑤，丰济渠本来是五原王同春所开，按照这个方案，丰济渠以西将不再属五原管辖，这在五原的士绅中引起了很大争议。"分治原案，临河东至丰济渠。绥远当道派萧振瀛为临河设治局长，来套划界。五原绅董张厚田、崔国仁、刘士杰、唐兆铭坚词争界，谓五原母县原案治境不及百里，不得谓平呈，三上。"⑥五原士绅为疆域与临河设治局长理论，上级政府"又派划界冯委员邀同临河绅董李增荣、杨春林、陈占财、傅正业公同会议，议决临河东界以刚济河为限，北至义和久活水泉，南至渠口大河。局长萧振瀛会同地方绅董规划全境疆里，南至黄河，北至大青山即阴山，西至乌拉河迤西阿拉善旗东界，东至刚济河，规模大定矣"。杨春林作为临河的代

---

① 巴彦淖尔市地方志办公室. 临河县志[M]. 海拉尔：内蒙古文化出版社，2010：182.
② 巴彦淖尔市地方志办公室. 临河县志[M]. 海拉尔：内蒙古文化出版社，2010：249.
③ 巴彦淖尔市地方志办公室. 临河县志[M]. 海拉尔：内蒙古文化出版社，2010：178.
④ 巴彦淖尔市地方志办公室. 临河县志[M]. 海拉尔：内蒙古文化出版社，2010：179.
⑤ 巴彦淖尔市地方志办公室. 临河县志[M]. 海拉尔：内蒙古文化出版社，2010：179.
⑥ 巴彦淖尔市地方志办公室. 临河县志[M]. 海拉尔：内蒙古文化出版社，2010：179.

表之一参加了绥远道划界委员主持的临五划界会议，最后划定临五二县以刚济渠为界。临河设治局长萧振瀛又会同包括杨春林在内的地方绅董规划全县的疆域，临河的县域为南至黄河，北至阴山，西至乌拉河，东至刚济河，民国临河县的规模基本确定。

杨春林参与收回黄济渠利权，为维护国家主权做出了应有贡献。黄济渠原名黄土拉亥河，本是一条天然河流。同治十二年（1873年）陕西府谷人杨廷栋开始利用黄土拉亥河天然河水浇灌土地，光绪初年杨姓将黄土拉亥河整理开成渠道。光绪二十六年（1900年）达旗因打死外国教民与天主教会交涉赔款，达旗将黄土拉亥河全部渠地抵押给天主教会。天主教会霸占黄济渠后，出资对该渠重新修浚，以资浇灌蛮会及陕坝附近的土地。因为教会土地不用缴纳地租，所以吸引了大量晋陕农民前来耕种，教会又广设教堂，信教民众日益增加，至临河设治之前，黄济渠两岸已是村落林立。不可否认，外国教会对黄济渠的修浚客观上促进了这一地区的开发，临河县第三区也正是以黄济渠为基础而成立的。但是外国教会主观上是出于其自身利益考虑，控制黄济渠乃是对我国主权的破坏，一旦条件允许，稍有爱国心的中国人就不会置之不理。"十七年，北伐成功，不平等条约逐次删除，公因乘便，拟收回黄土拉亥河教堂渠地，上书反复陈请。上峰壮之，一以任之。公正式组成委员会，遴任熟悉外情、声望素孚者佐之。时有王君文墀、李君增荣、杨君春林、于君相龙、田君全贵、石君以骧，为秘书、为委员、为接收员。曾以书面邀该教士等到会，该教士延稽爽约，不得已，请以无条件收回呈上报，可派员接收。计渠长一百二十里，地一千零八十顷。一旦收归国有，光我故物，还我主权，张我国本，树大河以北外交胜利之先声。是役也，排众议，破群疑，崟岑独行，俾贯彻始终之主张，何啻以暮鼓晨钟唤醒我北方二十年外交之迷梦也。厥功亦伟矣哉。"[1]国民党北伐成功后，中国收回利权运动高涨，与外国签订的不平等条约逐渐废除，收回黄济渠提上了日程。时任临河设治局局长的吕咸呈请上级收回黄济渠，获批后组建委员会，选拔熟悉外情和有声望的官绅充任秘书、委员及接收员，杨春林是其中之一。委员会以书面邀请教会负责人前来会谈，未果，便当机立断，无条件收回黄济渠。县志作者认为这是我国塞北外交胜利的先声，在这次外交斗争中，杨春林等当地乡绅功不可没。

此外，杨春林在临河县还有其他政绩，包括供应军需、承办赈务和保卫县城。民国十三年（1924年），冯玉祥任西北边防督办。民国十四年（1925年），冯玉祥的国民军开驻河套，十万大军的粮食全靠河套各地农户供应，粮食的征调则由各大地商负责。冯玉祥到河套东部的五原，对王同春讲的第一句话就是："王哥，小弟

---

① 巴彦淖尔市地方志办公室. 临河县志[M]. 海拉尔：内蒙古文化出版社，2010：231.

我来吃你来了。"①冯玉祥的军队同时需要河套西部的粮食。此时杨春林"充临河四区区长","值国民军全部驻套，征发无虚日。春林区长多方供亿，振廪顷仓无吝色，全区民户得以各执其业，各安其生。遇事必取公开，寸铢之输将，颗粒之征索，摊派一本大公；故全区翕孚无争议，无后言"②。面对国民军"征发无虚日"，杨春林一方面毫不吝啬地供应大军粮食，另一方面秉持杨家"以培养花户为第一要务"的治理原则，在向花户摊派公粮上做到了公开公正，没有因此影响社会稳定和百姓生活。晚清民国时期，河套因为大兴水利，粮食生产有保障，而较少遭遇灾荒，不过绥远道、绥远省的其他地区没有修建像后套一样的渠道，只能靠天吃饭，百姓经常遭受灾荒。民国十七八年，绥远东部遭遇特大灾荒，"十八年春岁大饥，东路居民就食本区者万余，粮根奇荒，斗米万钱，承办赈务，慨捐粮数百石，又劝募各大户照章支放，事必躬亲，惠期均沾，全活无算"③。当时临河组建了赈务分会，杨春林时任临河建设局局长，不遗余力地承办四区赈务，救活了无数逃荒难民。民国年间的河套地处西北边疆，远离政治中心，加上中国军阀混战，河套地区社会秩序相当混乱，土匪经常出没河套内外。临河县城是全县的精华所在，县城防卫尤显重要。杨家本来有一支保卫杨柜城的私家武装，杨春林是这支队伍的负责人，在保卫城池上有一定的经验。可能正是这个原因，杨春林曾被委任为临河县保安队大队长，以护卫县城。"十六年一月，国民军全部西退。是时地方大乱，武装队之枪械搜刮殆尽。三月，匪首石海率匪众百余突占县城，勒索枪械，孙局长国栋尽出警队残余武装予之。临河武装队至此人皆徒手，空拥虚名焉。六月，吕局长咸来宰是邑，念夫武装徒手，不足自卫，令各区董大户设法筹备；又以杨正业之枪十支，以增益之。于是武装队稍复旧观，改编为两队，计额三十名，以柴高魁总领之，以杨正业分领之。十二月，王局长文墀接设治局任，武装队悉仍旧制。比年春，奉令改编保安队，额设队兵三十名，分三班，以杨绅春林充大队长，以柴高魁、武荣、王化南分领之。"④民国十六年(1927 年)一月冯玉祥的国民军退出河套后，土匪猖獗到任意攻占临河县城勒索枪械，六月临河设治局长吕咸令各区董筹备枪支、重建武装力量，十七年(1928 年)春，临河设治局长王文墀改编保安队，以杨春林为大队长。不过杨春林任县保安队大队长的时间只有短短的几个月，他在地方保卫上主要还是负责四区的杨柜城。

(二)杨鹤林与临河政坛

在杨家"林"字辈的众兄弟之中，比较突出的是大杭盖杨茂林、二杭盖杨春林、

① 苏希贤，武英士．王同春[Z]//中国人民政治协商会议内蒙古自治区委员会文史资料委员．巴彦淖尔盟文史资料：第 5 辑，1985：73.
② 巴彦淖尔市地方志办公室．临河县志[M]．海拉尔：内蒙古文化出版社，2010：239.
③ 巴彦淖尔市地方志办公室．临河县志[M]．海拉尔：内蒙古文化出版社，2010：239.
④ 巴彦淖尔市地方志办公室．临河县志[M]．海拉尔：内蒙古文化出版社，2010：191.

三杭盖杨文林及五杭盖杨鹤林，四人大致可分为两类，杨茂林和杨文林敦厚实在，精于治水技术，擅长操持内政；杨春林和杨鹤林聪明灵动，富有进取精神，擅长应付外交。杨鹤林的性格与杨春林相近，敢打敢拼，在杨家筹划开挖杨家河之初，曾激励长兄杨茂林坚定决心开创伟业。继其兄杨春林之后，杨鹤林也迈入了临河政坛。杨鹤林在临河政坛的时间比较短，主要政绩有二：一是保境安民，二是赈济灾民。

杨春林于民国十八年（1929年）就任临河建设局局长，杨鹤林接任四区区长，"时值回军攻宁夏败窜，驻距杨家河数十里之大滩。饥军万余，时时出入四区，焚劫淫掠，势岌岌不可终日。鹤林商承官府驻军，或则减价平粜，以示恤怜之仁，或则正式制止，以申保民之义。如持危柁于惊涛骇浪中，操纵在手，晏然不惊，稳渡重洋，同舟客子，谈笑食息，竟若行所无事者。厥功亦云伟哉矣"[1]。刚上任的杨鹤林就碰上棘手事情，争夺宁夏地盘失败的回军退到杨家河附近，饥饿的士兵，焚劫淫掠，无恶不作，严重威胁四区百姓的安危。杨鹤林出面与河套的政府驻军协调通气，取得有力支持之后，或者以较低的价格卖给回军士兵粮食，或者制止回军士兵的不法行为，尽力降低四区百姓的损失，在全过程中表现得临危不惧与从容不迫。

杨鹤林在民国十七、十八年（1928年、1929年）的赈灾事务中也表现不凡。"民国十七年秋大饥，官绅组立赈务分会以赈之。按，临河向称产粮之区，比以近年兵燹匪祸，水旱灾祲，纷至沓乘，民间盖藏，荡然一空，兼以东路包、萨、武、固、东胜各地方，赤地千里，比岁比不登，负襁担簦，来临就食者，络绎于道，不下数万口。又兼回军攻宁败，东驻距临百里之滩，饥军万余仰食临境。是时外来饥民计有四万口之多，粮价腾涌，昂于平时十倍。"[2]临河虽然是产粮之地，但天灾人祸，已使民间余粮无存，又有绥远东部各地逃荒的饥民及回军的饥兵，粮价陡然升高十倍，带给临河的赈济工作很大压力。为了应对赈务工作，临河县组建了赈务分会作为统一领导机构，杨鹤林是分会的常务委员。临河县赈务分会先发动全社会捐粮款，"共捐赈粮一千五百余石、款五千余元"[3]。在此基础上，县赈务分会又制定了分区、分期赈救灾民的办法，"经各区实地调查，饥民共计四万一千余口。赈区共分五组，城关为一组，四区各立一组。自十七年十二月起，至十八年五月底止，赈期分八期，每大口半月领粮九升，小口半之。其清查饥民办法则以各区区长轮易之，如以一区区长查二区、二区区长查三区是也，而徇情滥列之弊清。其收发赈粮办法，必分派委员随时抽查检视也，而掺杂杂质、短斤少两之弊清。其情愿回籍者，酌量道路远近、人口多少量给粮米、川资也，而流离失所、

---

① 巴彦淖尔市地方志办公室．临河县志[M]．海拉尔：内蒙古文化出版社，2010：239.

② 巴彦淖尔市地方志办公室．临河县志[M]．海拉尔：内蒙古文化出版社，2010：220.

③ 巴彦淖尔市地方志办公室．临河县志[M]．海拉尔：内蒙古文化出版社，2010：220.

穷无所告之弊清"①。这种各区区长互查的办法有效杜绝了徇私舞弊，杨鹤林等区长出色地完成了赈救工作，"是役也，在事人员皆以民命为要义，本良心为主张，精乃心，劝乃职，不畏难，不辞劳，不惮烦。检查必确，勾稽必严，升合必较，颗粒必惜，泽必思普被，惠必期均沾。终其事，人无冒领，数无浮收，粮无滥发，历时六阅月，济民四万口，尽人无觖望，比卢无浮言"②。可能是由于二杭盖杨春林和五杭盖杨鹤林在担任临河建设局长、四区区长之时承担过赈救灾民的任务，后来一些乞丐到杨家行乞，为了增加行乞的成功率而编几句莲花落以取悦主家，其中第一句就是"二五杭盖真不赖"③，这也从一个侧面反映出二人当时的社会口碑。

民国十八年(1929 年)的杨春林和杨鹤林分别担任临河县的建设局长和四区区长，已是临河有头有脸的人物，一些全县的活动少不了他们。民国十八年(1929年)四月十五、十六两天，临河举办第一届全县学生运动会，临河设治局局长黄彦邦担任主席，"外宾有檀旅长林桢、李团长根车、统捐局李局长润、公安局郝局长晋纲、电报局黄局长昌、建设局杨局长春林、财务局李局长增荣、一区区长李元桢、二区区长陈占财、三区区长傅正业、四区区长杨鹤林、中西医士田信之"④。在为期两天的运动会中，临河县各校学生进行了撑竿跳高、立定跳高、跳远、四百米跑、八百米跑、篮球比赛等体育项目⑤，杨春林与杨鹤林作为嘉宾参加了运动会的开幕式。

虽然杨家开辟杨家河灌区对临河县建立的贡献巨大，临河县在建立之初也需要依靠杨家的社会影响力，但是这不等于临河政府的职位一定会留给杨家，民国的河套已经有相当民主的气息，担任政府官职在很大程度上要看个人的能力与潜质。杨家比较有从政潜质的杨春林与杨鹤林，正当仕途比较顺利之时，却都因为杨家河繁重的渠务导致身体透支而英年早逝。民国二十一年(1932 年)杨春林去世，民国二十二年至二十三年(1933—1934 年)杨鹤林去世，从此杨家很少出现优秀的从政人才，杨家在临河县政坛不过昙花一现。杨家从政在很大程度上是应临河县建立伊始的政治需要，像征集粮款等事项，如果没有杨家人担负组织作用，几乎不可能顺利进行。杨家的主要着力点始终在挖渠种地上面，政治权力与地位对于杨家来说不过是一种额外的"赠品"。杨家既然没有用心使自己的活动领域从农田水利扩展到政治领域，当杨春林和杨鹤林去世之后，也就再没有继续在政治上发展。所以终民国时期，杨家一直缺少政治上的代言人，一直保持在"民"的位置，而没有成为一个特权阶层。

---

① 巴彦淖尔市地方志办公室．临河县志[M]．海拉尔：内蒙古文化出版社，2010：22．
② 巴彦淖尔市地方志办公室．临河县志[M]．海拉尔：内蒙古文化出版社，2010：220．
③ 杨银娥口述，2015 年 8 月。杨银娥，1940 年生，杨米仓孙女、杨桂林之女，退休工人。
④ 巴彦淖尔市地方志办公室．临河县志[M]．海拉尔：内蒙古文化出版社，2010：220．
⑤ 巴彦淖尔市地方志办公室．临河县志[M]．海拉尔：内蒙古文化出版社，2010：220．

通过上面的介绍可知，杨家与河套社会的联系是多层次、结构性的。杨家开辟杨家河灌区是一项社会工程，同时杨家河灌区的开辟也引起了社会的结构性变化。杨家修建的杨柜城从一个私家城池演变成一座容纳社会各阶层的小城镇，使原本是草原的杭盖地一带逐渐变成农区。杨家经营的谦德西，既改变了杭盖地传统的经济模式，同时又使河套社会具有某些外向型的特点。杨家在临河建立之初政坛的活跃，是临河由游牧社会转变为农业社会在政治上的反映。杨家河的开挖与杨家河灌区的开辟是河套近代社会转型的重要事件，从此河套最西部开始进入了农业社会。

四、杨家的兴衰及启示

杨氏家族是河套近代史上最具影响力的家族之一，杨氏家族也是河套近代史的创造者与见证者，杨氏家族的兴衰贯穿整个河套近代史，也给河套及杨家自身留下了深刻的启示。

(一)杨家的兴盛及启示

杨家在河套经历了一个从社会底层逐渐跻身到社会顶层的过程。杨家祖籍山西河曲，杨谦、杨万是贫苦农民出身。为了谋生，杨谦、杨万早年曾投身行伍，后来以做豆腐为生。清道咸年间河套地区已经有一些地商开渠种地，位于临河范围的缠金地成为走西口人民的聚集地。同治以后，河套东部的五原一带地商开始大规模农田水利建设。同治八年(1869年)，以郭大义为总管、王同春为渠头的短辫子渠开挖，短辫子渠附近土地得以浇灌，走西口人民自然迁移至短辫子灌区谋取生计。杨谦、杨万大约就在短辫子渠开挖前后到河套跑青牛犋或做豆腐为生，在对河套的环境、民情、风俗等熟悉之后，于同治十年(1871年)左右举家迁移到河套定居。杨谦、杨万及杨满仓、杨米仓初居五原蔡家地(白家地)，即在短辫子河灌区。同治十三年(1874年)，以郭大义为首的四大股重新开挖短辫子渠，时年十五岁的杨满仓即投入郭大义门下成为一名挖渠工，当时的渠头正是王同春，杨满仓从此跟随王同春努力学习开渠治水经验。重新开挖的短辫子渠由五原县西土城子的黄河开口，利用天生套河，前后十数年接挖至板头圪旦，长一百多里，灌田一千五百顷，并改名叫老郭渠，之后老郭渠又改名通济渠。王同春于光绪六年(1880年)辞去渠头职务，决定自己独立开渠，杨满仓紧随其后。光绪七年(1881年)春，王同春开挖义和渠，在旧老郭渠以北的黄河开口，利用本巴图、张老居壕、哈纳格尔河等天然沟壕，接挖贯通，挖成后初名王同春渠，后改称义和渠。光绪八年(1882年)，在义和渠开挖过程中，杨满仓长子杨茂林出生。义和渠历时十年完工，杨满仓在此过程中依靠自己的吃苦耐劳、勤于钻研，从一名普通渠工逐渐成为技术骨干。在光绪十七年(1891年)王同春开挖沙和渠，杨满仓凭借自己丰富的经验被委以工头之重任。沙和渠工程历时六年，共计长九十里，口宽三丈六尺，可以浇地二千余顷，花费工程银九万余两。杨满仓积累了在沙地开渠的经验，为以后杨家河的开挖奠定了基础。杨满仓在义和渠当渠工、在沙和渠当渠头之际，跟随兄长杨满仓在王家打工的杨米仓也成家立业，后来到磴口协成薛家当长工，并且之后也当上了长工头。光绪二十二年（1896年）沙和渠挖成，杨满仓因为在沙和渠工程中的出色表现及河套开渠种地的规则，杨满仓租得了沙和渠灌区的五六百亩土地，从此全家生活上算是稍有改观。杨满仓和杨米仓从渠工到渠头的过程中，其子侄辈陆续降生，杨茂林、杨春林、杨文林、杨铎林、杨鹤林等人一边和杨满仓学习开渠治水技术，同时得到水利大家王同春的亲身指导，杨茂林、杨春林、杨文林等还学会了经商。这样杨家的"林"字辈逐渐成长为河套水利事业的新生代力量。

清朝光绪末年，贻谷将河套各大干渠收归公有，结果导致渠湮地荒。进入民国，各大干渠改由民户包租，杨氏家族对沙和渠和永济渠的包租为民初河套水利复兴做出了突出贡献。杨满仓受王同春家人委托承包沙和渠，第一个五年承包期成绩较好，杨家赖以积累了一笔物资，成为以后开挖杨家河的启动费用。杨茂林众兄弟承包河套最大干渠永济渠，在三年承包期中，以培养花户为经营永济渠的第一要务，为永济渠辟渠口、浚渠道、开渠梢，使永济渠两岸村庐云屯，鸡犬相闻，创造了永济渠历史上的中兴时代。杨满仓承包沙和渠的第二个五年，已经难有经济效益，杨茂林兄弟开创的永济中兴也被迫中断，这既使杨家的水利事业受到了挫折，又为杨家的水利事业迎来了机遇。当杨满仓父子承包沙和渠和永济渠之际，在乌拉河一带给薛成士当长工头的杨米仓，看到了在黄土拉亥河与乌拉河之间开挖一条大干渠的前景，并且在全家族中进行了一次舆论宣传。民国五年（1916年），杨满仓、杨米仓、杨茂林三位主要杨家领导人意见统一，决计开挖杨家河。杨家河开挖之前，杨家做了思想、组织、技术和物资四个方面的准备，虽然杨家河实际工程的艰难超乎杨家的思想准备，但杨家的决心和毅力克服了重重困难。民国六年（1917年）春，从原义祥永东南黄河河畔之毛脑亥口开口动工，开至乌兰淖，同时开挖了中谷儿支渠。民国七年（1918年），挖至哈喇沟将干渠新工临时接入大沙沟，同时开挖了黄羊木头支渠。民国八年（1919年），干渠挖至杨柜，同时开挖陕坝支渠。民国九、十年（1920年、1921年）开挖了老谢支渠、三淖支渠和西边支渠的大部工程及陕坝支渠的全部工程。民国十一年（1922年），杨米仓从大生号借钱回家，中风而亡，时年五十三岁。民国十二年（1923年），杨满仓精力耗尽，不幸逝世，时年六十四岁。民国十四年（1925年），杨家河干渠挖到三道桥。民国十五年（1926年），杨茂林在内外交困中英年早逝，时年四十四岁。同年干渠挖到王栓如圪旦以北，接入乌加河。杨春林继承父兄遗志，继续领导家族进行杨家河工程。民国十六年（1927年），将干渠西侧的三淖支渠梢接挖送入乌加河，同时将大沙沟梢部开挖的蛮会支渠由梢部接挖送入乌加河。

杨家的艰苦奋斗也为自己赢得了巨大的物质财富。随着杨家河的开挖，杨家的势力顺着杨家河扩张，杨家河水流到哪里，杨家的土地就扩张到哪里。杨家河主体工程于民国十五年(1926年)基本完工，从民国十五年(1926年)至民国二十七年(1938年)，是杨家发展的鼎盛时期。民国十五年(1926年)杨家分家，每个杭盖分得土地达一百八十余顷之多，拥有九个牛犋。杨家还在杨家河下游设立谦德西总柜，经营手工业和商业，杨家的粮食远销包头甚至上海。民国时杨家逐渐成为与五原王同春齐名的大地户。

杨家的兴盛可以从儿女婚姻侧面体现出来。发家后的杨家，由于经济和社会地位的提高，在联姻标准上根据门当户对和德才兼备的原则。杨家部分"忠"字辈子女与社会地位较高者建立婚姻关系。大杭盖杨茂林的大女儿杨梨女嫁给临河县大地主李增荣之子李干臣，杨茂林的二儿子杨节则娶李干臣的妹妹为妻。杨茂林的二女儿杨瑞霞嫁给国民党军官唐佰清。二杭盖杨春林之女杨海棠嫁给五原县大户白焕锦。四杭盖杨铎林之女杨金女嫁给鄂尔多斯李姓大户，杨金女的公公是民国时期的游击司令。五杭盖杨鹤林的长女杨称心嫁给五原县地主云子奇，当时云子奇家里就有汽车。杨鹤林的二女儿杨二女初嫁的是曹乡长。杨家部分子女与社会经济一般地位者组建家庭，取舍的标准是家长的门风、品性及个人的才华。四杭盖杨铎林与六官府城王喜结为亲家就是一例。六官府城即今杭锦后旗查干，王喜是六官府城的中小地主，王喜为人急公好义，远近闻名，曾秘密救济过中共地下党员。四杭盖杨铎林之子杨纯娶王喜之女为妻，迎娶之日杨家的排场相当大。大杭盖杨茂林的三女儿杨瑞芳嫁给杨柜城益德昌的少掌柜刘兴远又是一例。益德昌是20世纪二三十年代杨柜城内规模最大、信誉最好的商铺，杨家是杨柜城的第一大户，益德昌与杨家互相信任，杨家在益德昌购买生活日用品，是采取记账的形式，杨家每半年或者一年结付一次。益德昌掌柜刘振亭是河北高阳人，少掌柜刘兴远幼年在高阳受过三年私塾教育，为人精明，仪表堂堂。约在民国二十七年(1938年)，刘兴远到杨家结算账目，被杨老夫人一眼看中，便将自己的小女儿杨瑞芳许配刘兴远为妻。总之，杨家娶妻嫁女秉持较高的标准，是由杨家当时较高的经济和社会地位决定的。

从杨家的发家历程，可以看出杨家的成功离不开勤劳、实干和智慧等品质。如果不是勤劳、实干和智慧，杨满仓就难以从最底层的渠工上升为渠头，杨茂林及众兄弟就难以实现"永济中兴"，杨满仓和杨米仓就难以合力开挖杨家河。此外杨家的品质还包括团结、善良和质朴。

杨家的团结在河套享有盛名。杨家秉持大家庭的治家传统，从杨谦和杨万带领杨满仓、杨米仓入套开始，无论是杨家河开挖之前的近五十年，还是杨家河开挖之后的三十余年，都以和睦、团结、互帮互助为治家法宝。从史料可知，杨家河开挖之前，杨满仓与杨米仓两大家庭团结协作共同开创事业。杨满仓是杨氏家族事业的开创者，对杨米仓及其子侄辈都有相当影响。杨满仓是杨茂林、杨春林、杨文林、杨鹤林等开渠治水的师傅，杨茂林众兄弟是一个整体。杨满仓长子杨茂林与杨米仓长子杨春林一起在王同春的"同兴号"当学徒。杨茂林是杨家九男之长，他的勤劳、实干对杨家众兄弟产生了积极影响。民国初年杨茂林承包河套第一干渠永济渠，与其一起修浚、管理永济渠的有杨春林和杨鹤林。三年后杨茂林的承包权被夺走，杨春林、杨文林、杨鹤林与杨茂林一起考察乌拉河东畔的地形水土，萌生了开创杨家河的想法。杨茂林对杨家河的艰巨产生犹豫时，杨春林和杨鹤林极力劝说其兄开辟杨家河，这坚定了杨茂林开渠的决心。杨家河的开挖是杨满仓与杨米仓两大家庭团结一心的产物。在开挖杨家河的过程中，杨氏一门父子相代，九死不屈挖成杨家河的事迹，在河套妇孺皆知。杨家从定居河套之始就遵循不分家的家规。民国五年（1916 年），杨满仓与杨米仓两大家庭分别从东西二处集中到二道桥（杨柜城），两大家庭集中居住在杨家大院，田产财物统一管理。民国十五年（1926 年），杨家河基本贯通，杨家实行分家，杨氏众兄弟没有因分家产生分歧、闹出矛盾。杨氏九门各自都有地盘，其中八杭盖杨云林的"封地"在杨柜城及附近的杨家河东岸地区。杨柜城中杨家本来建有油坊、碾坊、磨坊、粉坊，这些作坊既不能搬迁，也不好均分，自然分给了八杭盖杨云林。八杭盖杨云林分得多，虽然杨家有人心中对此有所计较，但因为看中兄弟情义，大家都睁一只眼闭一只眼，谁也没有提出异议。杨家分家时总体上各家都很和气，没有出现什么不愉快。杨氏在分家自立之后，各家都有自己的地盘，但是也保留了公柜和公产。杨家的公柜就是谦德西，公产是谦德西的四大牛犋。当有经济困难的杨姓子孙需要土地时，可以分到公柜牛犋的农田。

杨氏一门天性善良，在当地口碑较好。杨家对佃户较好，佃户开春可以到杨家借种子；谁家有人生病，谁家有人去世需要埋葬费，谁家有儿娶妻，都可以到杨家领一点救济金。杨家对佃户像对自家人一样，中秋节会给花户送月饼。[①] 在缸房村生活多年的老农民回忆说："杨忠是县参议员，为人善良，没有听说人们说其三长两短。杨家和当地人的关系比较和谐，没有听说催逼人家（佃户）的事情。"[②]杨柜城生活的几代人中，也没有流传下杨家人为非作歹或者鱼肉乡亲的事情。杨义是杨家开始衰落时仍然占有较多土地的一位，就其个人品行而言，也不缺少善性。[③] 杨义有一个丫鬟叫杨改枝，杨义对待她像对亲生女儿一样，把全家的钥匙交给她掌管。有一次杨义的外甥女白毛毛到杨义家做客，受到杨改枝的怠慢。白毛毛对一些亲戚抱怨说"奴还欺主"，因为自己是"主"，而杨改枝是"奴"，自己居然受到欺负。[④] 这从一个侧面看出，身份上的主奴之别，并没有损害到杨家人性中的善性。1949 年后杨家作为米仓县最大的地主被打倒，这是巩固人民民主专政的必然要求，同时也不能否认杨家的某些善行懿德仍然被一些佃户所感念。杨恕回忆

---

① 智纯口述，2015 年 8 月。智纯，1922 年生，杨米仓外孙，大学退休教授。
② 邱换口述，2015 年 8 月。邱换，1935 年生，农民。
③ 郭钟岱口述，2015 年 8 月。郭钟岱，1943 年生，退休干部。
④ 杨淑贞口述，2015 年 8 月。杨淑贞，1934 年生，杨占林之女，退休干部。

说，中华人民共和国成立后有一年春节，大年初一和初三早晨打开门后，门口有毛线口袋装好的年货，初四早晨发现门口有整整一袋白面，这些都是中华人民共和国成立前杨家的花户所送。有一年春节三十晚上，当时有一些农民送来很多年货，有莜麦、小麦和糜子。半夜又有农民敲门，帮助把莜麦、小麦磨成面粉，把糜子加工成小米。① 杨世华记得四十多年前的一件事情，那是在20世纪70年代，有一次他生病住院，同一病房的一位五十多岁的老者是杭锦后旗团结乡人。老者和他聊天，当得知他是杨家的后代时，非常激动地连呼"少东家"，并跪在地上给他磕头。原来这位老者是陕西府谷人，走西口到河套成为八杭盖杨云林的佃户。当年这位老者年轻的时候，生了一场病，得到八杭盖杨云林的照顾，并且杨云林出资为其娶妻。② 这位老者多年都没有忘记杨家对他的恩情。

质朴是中国农民的品性，杨家原本就是农民出身，虽然发家后成为地主，但一直保留着农民的质朴。农民种地主要是解决吃饭问题，杨家同样以吃饭的重要性教育后代。大杭盖杨茂林之女杨瑞霞嫁给国民党少将唐佰清，最初居住在杨柜城。杨瑞霞自小不事劳作，唐佰清在抗日战争中严重负伤，如何解决一家人的吃饭问题摆在眼前。杨氏家长提点唐佰清：一个人生在前，吃在后，过日子首先要解决吃饭问题。当时的生活资源主要是土地，杨柜城已经没有足够多的土地，而地处今沙海一带的北牛犋是三杭盖杨云林的地盘，人烟稀少，土地广袤，开发空间大。为了解决生活问题，唐佰清决定从杨柜城迁移到北牛犋。唐佰清到沙海第一件事情是修建房屋，当时北牛犋芦草丛生，建房没有椽檩。当时人们的交通工具主要是牛马车，虽然两地直线相距只有四五十里，但道路崎岖，马车劳顿，运输实在不易。唐佰清就利用杨家河来运输椽檩。唐佰清将杨柜的椽檩三五一捆绑在一起，放入杨家河顺水漂流，一人在岸上护持，当遇有转弯受阻之处，岸上人进行疏导，之后继续漂行，一路飘到杨家河下游的沙海。就这样，唐佰清将杨柜的椽檩运输到沙海。利用杨家河可以节省人力财力，当地百姓纷纷效仿。③ 杨家在挖成杨家河后，曾有短暂时间在临河政坛上活跃，但是杨春林和杨鹤林离世之后，杨家就基本再没有人担任过官职，所以杨家在河套一直是"民"的社会身份。杨家河挖成之后杨家曾一度成为地主，但也相当程度上保留了农民的本色，其活动区域主要在农村，其意识形态主要是农民意识，其社会关系相当一部分是与花户的关系。从今日的杨氏后代看，他们依然居住在杨家河沿岸的乡村，绝大多数人依然是农民。

杨家的成功，上述这些品质只是必要条件，并不是每一个拥有这些品质的家族都可以取得像杨家一样的巨大成就。杨家成功最主要的原因在于：杨家的

---

① 杨恕口述，2015年8月。杨恕，1945年生，杨米仓之孙，退休干部。
② 杨世华口述，2015年8月。杨世华，1952年生，杨满仓玄孙、杨文林曾孙，个体户。
③ 唐凤仙口述，2016年2月。唐凤仙，1938年生，杨茂林外孙女，农民。

选择和行动适应了河套开发的历史趋势，因而成为河套开发的引领者。清同光年间到民国初期，河套的开发历程是从东部逐渐推移至西部，杨家的开渠治水活动，既适应了这一过程，又引领了这一过程。当河套水利的重心在东部时，杨满仓参加了老郭渠（通济渠）、义和渠的开挖，并且在沙和渠开挖时担任渠头。当河套水利的重心推进到西部时，杨茂林与众兄弟承包永济渠，取得了不错的成绩。当被剥夺了永济渠的承包权后，杨家又不失时机地开挖杨家河。可以说，从同治年间杨氏定居河套直到民国初期开挖杨家河，杨家的每一步选择都与河套水利息息相关，杨家的每一次行动都与河套水利发展趋势相一致。杨家的成功留给后人的最大启示莫过于：杨家顺应了河套近代开发的历史潮流并且创造了河套的历史。

(二)杨家的衰落及启示

杨家作为河套近代开发和社会转型的一个缩影，见证了河套近代百年历史。同时，杨家在民国后期的衰落也留给杨家与河套许多启示。杨氏家族以渠工起家，从社会最底层崛起为河套大地商，其奋斗精神和优秀品质世所公认。但是，随着河套转型的深入，杨家因为不能适应社会的进步而逐渐衰落，尤其到了民国后期，总柜谦德西的土地几乎被卖完，各杭盖及其后代几乎过不上中等人家生活。杨家的衰落，有一定的社会历史原因，也有杨家自身的原因。社会历史原因主要有三：一是日本侵占河套以西大片领土，阻断了杨家的商路；二是绥远省收回杨家河的所有权和管理权，杨家失去了杨家河的水租收入；三是绥远省取消了杨家承包蒙地的权利，杨家失去包租蒙地的利益，从此又失去一大经济支柱。民国二十七年（1938年）后，日本侵略者占领了包头以西的国土，杨家的粮食不能外运，杨家的商业经营受到严重影响。民国二十八年（1939年）开始，绥远省将杨家河收归公有，杨家不但失去了水租收入，而且杨家所浇之地要照付水租。绥远省政府于民国二十九年（1940年）春天正式颁布《取缔包租转租土地办法》，即凡包租土地不自己耕种，而转租于他人以从中渔利者，一律于满期后不准续包。绥远省政府取缔包租转租土地的主旨，是为了免除地商的中间剥削，所以省府又拟定：凡经取缔包租转租的土地，不准地主随便零块地分租给佃户，必须由耕农组织合作社，向原出租人统一承包分配给社员耕种。[①] 民国三十一年（1942年），杨柜租期届满，米仓县合作业务代营处正式接受经营，标志着绥西包租转租时代已告结束。杨家所包租杭锦旗的土地，大部分为蒙民户口回领地及召庙膳召地，总面积有2 000多顷（20多万亩）。[②] 上述三个原因使杨家的商业、水租和地租收入或者严重缩水或者完全失去。杨家自身的原因主要有四：杨家主力干将过早离世；杨家田产管理方式落伍；铺张和腐化之风影响；不重视教育和人才培养。

① 丁平．抗战时期绥远省政与在绥西施治历史研究［M］．北京：中央民族大学出版社，2012：81.
② 丁平．抗战时期绥远省政与在绥西施治历史研究［M］．北京：中央民族大学出版社，2012：82.

第一，杨家主力干将过早离世。杨家从杨谦、杨万定居河套之后，后代繁衍，杨满仓和杨米仓在清末至民初共生有九男。杨满仓是河套水利事业的元老级人物，其治水经验和技术是杨家水利事业的基础。杨米仓在凝聚家族人心、对外联络、筹措资金上发挥了重要作用。可是在杨家河开挖的过程中，先是杨米仓于民国十一年(1922年)急病去世，然后是杨满仓于民国十二年(1923年)离世。此后杨家河工程就全部落在九杭盖身上。在九杭盖之中，前五位杨茂林、杨春林、杨文林、杨铎林、杨鹤林是经过开渠治水实践磨炼和杨家河开挖的实际组织者；后四位杨占林、杨桂林、杨云林、杨旺林，在杨家河开挖过程中年纪尚轻，没有负责实际工作。杨茂林是民国初期河套水利的中坚人物，其才干和胆识足以为示范。杨茂林是开挖杨家河的实际指挥和领导核心，在繁重的工程和思想压力之下，于民国十五年(1926年)英年早逝，年仅四十四岁。杨春林是杨茂林的主要助手，在杨茂林去世后接任总指挥，于民国二十一年(1932年)病逝，年约四十八岁。杨鹤林在民国二十二年(1933年)左右病逝，约四十一岁。杨文林在开挖杨家河过程中导致残疾，民国二十四年(1935年)从房顶摔落受伤去世，年约五十岁。以上杨茂林、杨春林、杨鹤林、杨文林四位的早逝，都直接或间接因杨家河开挖时过度劳累和精神压力所致。杨家历经艰险挖成了杨家河，杨家的主力干将也损失殆尽，1935年之后，随着杨文林的离世，杨家再没有好的掌门人，从此总柜谦德西每况愈下，直至1947年解体。

第二，杨家田产管理方式落伍。民国十五年(1926年)杨家分家之后，每个杭盖拥有上百顷的土地。杨家对土地的经营方式是，选择所有土地中的好地自种。杨家在这些上乘好地上设有牛犋，每个牛犋又都雇有管家为其理事。这些牛犋大小不等，有耕种土地二十顷左右的，也有耕地面积达三十余顷的。这样的牛犋共有八九个。杨家对这些牛犋不经常巡视，不常来往，主要靠管家头儿们经营。对其余的劣等土地向外出租，以收取租金。① 杨家在开挖杨家河的过程中，依靠渠头来掌控工程技术和组织管理渠工，这些渠头在杨家河贯通之后就成为杨家牛犋上的管理者。大部分杨家人对这些头儿们非常信任，基本不直接参与管理牛犋。杨家著名的大渠头有八个，小渠头很多。这些头儿们虽然名义上是为杨家管理牛犋，实际上在慢慢积蓄自己的势力。因为对头儿们的信任和放任，这些头儿们对所管理牛犋和农田的熟悉程度远远超过主家，久而久之，杨家失去了管理能力，杨家甚至不清楚田地的实际数量，也难以掌握田地的实际收入。当杨家经济紧张时，就将田地卖给这些大大小小的头儿们，他们就成为大大小小的地主，杨家慢慢变成一副空架子。1935年之后，除了杨柜城附近杨义的土地在增加之外，无论是谦德西的总柜，还是各个杭盖及其后代，均田产缩水，经济收入下滑。

① 张启高.杨家河与杨家[Z]//杭锦后旗政协文史资料编委会.杭锦后旗文史资料选编：第5辑，1990：103.

第三，铺张和腐化之风影响。杨家遵循中国传统文化道德，厚生重死，但过于铺张。民国十二年（1923年）杨满仓去世，大杭盖杨茂林为悼念父亲，将灵柩由二道桥运回河曲县安葬。请和尚和道士为杨满仓"超度"。安葬的前七天，进行了三昼夜的诵经拜佛。七天之中，举行了预报、取水、行道、家祭、施食、辞灵、起灵和精连池等祭祷仪式。仅和尚、道士和喇嘛就有一百二十余人。在进行"上庙"和"行道"仪式时，无论是白昼还是傍晚，都绕道河曲南关大街。参加者在千人以上，围观者更是人山人海，摩肩接踵。停灵的七天，无论家人、客人还是帮忙的人，都以美味佳肴招待；对讨吃要饭者则供应白面条。共花去银圆一万余元。[①]杨茂林悼念亡父本在情理之中，可是此时杨家大功尚未告成，开渠费用东挪西凑，虽然杨家河已经放水收租，但是入不敷出，债台高筑。这种经济状况下排场如此铺张，无疑加重了杨家的经济负担，不利于杨家的资金周转和积累。从杨家开挖杨家河至谦德西解体的三十年间，虽然杨家在绝大部分时间中经济紧张，但在婚丧嫁娶上面却没有奉行节俭的原则。民国年间的河套，大面积种植罂粟，吸食鸦片非常普遍，杨家发家后不少家庭成员也染上了烟瘾。民国十三年（1924年）以后，除九杭盖杨旺林尚在河曲幸免以外，杨家的男女老少吸食大烟的约三十人。[②]八杭盖杨云林因为染上了烟瘾，为了买大烟，卖掉了先辈留下的油坊，卖掉了杨八渠浇灌的田地，至中华人民共和国成立前甚至连基本的生活都难以维持了。可见烟瘾之害对杨家的影响之大。

第四，不重视教育和人才培养。杨家以修渠种地起家，杨家的意识中只有种地这一件大事，其他似乎都不足为训，教育在杨家的观念中没有地位。杨家发家之后，本来具备了接受良好教育的条件，但是因为不重视教育，终民国时期，杨家几乎没有培养出有较大影响力的人才。杨家的主流意识是一种狭隘的农民意识，读不读书没有关系，只要有土地就有希望。据说八杭盖杨云林小时候被送到省府读书，但是杨云林不爱读书，自己出钱雇用了一个人替自己上学，结果被雇用者通过读书改变了命运，中华人民共和国成立后当了干部，还按月接济杨云林生活费。[③]智纯是杨米仓的外孙，智纯的母亲是杨米仓之女，杨家的家规是家产分男不分女，这样在杨家分家时智纯的母亲是没有份的。智纯家贫而好学，智纯的母亲就常到杨家求助学费。智纯与杨忠、杨孝、杨义等是表兄弟，为了求学，智纯不得不求助于这些表兄。但是在抗战时期，杨家多数已是自顾不暇，加上不认为智纯读书会有多大的出息，就很少有慷慨的资助。智纯到银川求学，最后只有杨义资助其五十块银圆。已经九十余岁的智纯在总结杨家一百余年的发展历程时，强

---

① 张启高. 杨家河与杨家[Z]//杭锦后旗政协文史资料编委会. 杭锦后旗文史资料选编：第5辑，1990：105.

② 张启高. 杨家河与杨家[Z]//杭锦后旗政协文史资料编委会. 杭锦后旗文史资料选编：第5辑，1990：106.

③ 郭钟岱口述，2015年8月。郭钟岱，1943年生，退休干部。

调最多的就是杨家不重视教育，没有培养出人才。①

综合上述社会历史和杨家自身的原因分析，杨家的衰落可以归结为：杨家没有适应新的历史条件。杨家河挖成之后，杨家河灌区由之前的牧场逐渐变成良田，杨家成为河套地区数一数二的大地商和大地主。但是开挖杨家河时的渠头们是不甘愿一直为杨家打工的，正如杨满仓当年也不甘愿一直为王同春打工。这些渠头在杨家河开成，杨家拥有杨家河两岸广袤的土地之后，就成为杨家牛犋的实际管理者，他们在为杨家打理田产的同时，也暗中积蓄自己的势力。社会中还有一批同样想拥有和扩大自己土地的农户。杨家河开挖中和挖成后的一段时间内，当那些既有实践经验又有管理能力的家族骨干一个接一个陨落，杨家其实已经存在严重的人才危机。不过杨家河挖成后的巨大成功掩盖了这种危机。杨家河挖成之后，杨家因为土地广大，自己无力管理，就把管理的权力交给头儿们，杨家就这样慢慢脱离生产劳动，一些本来就没有实践经验和管理能力的杨家成员就更加不堪。铺张奢侈之风滋生，普遍吸食大烟，不但消磨了意志，而且使一些人倾家荡产。不重视教育，使杨家的思想始终停留在农民意识上，限制了家族的整体素质和眼界。当杨家不得不以出卖田产为生时，那些等待已久的头儿们以及社会新生小地主阶层就买下杨家的土地，杨家在米仓县衰落，使得米仓县出现了一批中小地主阶层。如果杨家在杨家河贯通之后，励精图治，整顿门风，转变思维，强化田产管理和人才培养，即使在商业效益严重下滑、杨家河被收归公有和政府取消包租之制的情况下，也可能扭转局面，获得新生。可惜，杨家没有能够在新的历史条件下再次创造奇迹。

第二节　杨家河的变迁

从河套各大干渠的发展来看，基本上都经历了从私开、私有、私营到公有的过程。清末形成的八大干渠，经贻谷收归公有，变为八大官渠。民国十四年（1925年）临河县将黄土拉亥河渠地收回后，各大干渠中只剩下杨家河的所有权和经营权游离在政府权力之外。杨家河开挖于民国六年（1917年），贯通于民国十六年（1927年），杨家河自开挖之后，所有权和经营权一直归属杨家，这种状况一直持续到民国二十七年（1938年）。从民国二十八年（1939年）开始，绥远省将杨家河收归公有，为了表彰杨氏开渠的功绩，在民国三十一年（1942年）实行新县制改革时，将杨家河灌区划分为米仓县。绥远省政府在抗争时期对杨家河进行过整修，在杨家河也开挖过一些支渠，还进行了黄杨接口工程。抗战胜利后，绥远省政府曾修建黄杨闸，由于种种原因，工程被迫中断。中华人民共和国建立

---

① 智纯口述，2015年8月。智纯，1922年生，杨米仓外孙，大学退休教授。

之后，杨家河的发展进入了新时代，黄杨闸与解放闸工程的建成，使杨家河更好地发挥着干渠作用。

一、杨家河改制与米仓县建立

杨家河是杨氏一门历经千辛万苦所开挖，同时也是河套人民的集体创造和共同财富。杨家河走上公有的道路是历史发展的需要。当然，河套人民不会忘记杨家所做出的突出贡献，米仓县的命名就是政府和人民对杨家的最大肯定。

(一)杨家河改制

河套的渠道从晚清至民国都经历了从私有到公有的过程。光绪二十九年(1903年)至光绪三十二年(1906年)，贻谷奉旨督办蒙旗垦务，将河套各大干渠尽行收归公有，这是河套历史上最大的一次干渠改制。光绪二十九年(1903年)春，贻谷下令将长胜、缠金二地开渠放垦，是年十一月王同春首先报效中和渠(丰济渠)及管理该渠和渠地使用的房屋、车马。光绪三十年(1904年)二月，达旗郭敏修报效老郭渠(通济渠)。七月，杭锦旗地商魏凤山报效东西魏羊渠。八月，杭锦旗地商萧世荣报效阿善渠，地商邬怀清报效邬家渠。九月，王同春又报效义和渠(王同春渠)、永和渠(沙和渠)。十月，地商贺清报效刚目渠(刚济渠)。光绪三十二年(1906年)，杭锦旗地商王科详报效蓝锁渠，到是年六月底，河套地商兴修的主要干渠及沿渠土地全部被贻谷收归公有。其中当时河套最大地商王同春共报效大干渠五条，支渠二百七十余条。[①] 贻谷将河套各大干渠收归公有之时，杨家河尚未开挖，当然不存在改制的问题。在贻谷将河套主要干渠收归公有之时，并没有将所有的渠道都收归公有，河套仍然有一些干渠保留私有；而且在贻谷将河套主要干渠收归公有之后，河套的地商与农户又陆续开挖了一些干渠及支渠，其属性为私有，杨家河便是其中之一。鉴于杨家河灌溉土地多，所灌之地又为河套精华所在，对河套的农业影响重大，政府一直有将其收归公有的计划。民国十八年(1929年)包西水利会议决议河套各大干渠实行官督民修，各大干渠都组织水利公社。此时杨家河为私有，虽然按照水利章程也组织了水利公社，但水利公社经理一职由杨家人担任。[②] 在政府将杨家河收归公有之前，杨家一直是自己组织收水租。绥远省政府议定河套干渠官督民修之后，杨家组织成立了杨家河渠水利公社。杨家河渠水利公社的官员、职员由杨家提名，经政府任命。水利公社的性质比较特殊，职位是官方性的，人员组成、办公用地、支应开销都是民间性的，即由杨家包揽包管。水利公社的人员组成有总经理、文牍、办事员、勤杂员等。总经理是杨家河渠水利公社的总负责人，官方在任命后，并不干涉总经理在水利公社的一切事务。在傅作义将杨家河渠收公之前，杨家河渠水利公社的总经理由四杭盖杨铎林担任。

---

① 张植华. 略论河套地商[M]//刘海源. 内蒙古垦务研究. 呼和浩特：内蒙古人民出版社，1990：95.
② 陈耳东. 河套灌区水利简史[M]. 北京：水利水电出版社，1988：99.

张九皋长期担任杨家河渠水利公社的文牍，俗称账房先生，他的职责是起草文书，回应政府公文。张九皋是一方文人，写得一手好书法，堪称当地的书法家。杨家征收水租的税率由政府制定，水利公社征收到水租后，一部分上缴国库，一部分自己开销，自己开销又包括水利建设开支和盈余。杨家河渠水利公社的办公地址在谦德西即杨柜缸房，在缸房有一个独立的小院子，杨铎林、张九皋都在那里办公。①

杨家河收归公有经过了一个较长的过程。"民国二十年河套各大干渠均收归公有，由地方选举经董经管，当由先二兄将开挖斯渠经过及亏累情形，呈恳绥远省建设厅准予缓收以资除抵。"冯曦总办当时正任厅长，蒙批示："呈悉。兹据该公民所称，投资自行修挖杨家河费用在七十余万两，设若一旦收回公有，殊失本庭长提倡人民自行修渠之本意。兹为体恤起见，姑准暂归该公民经管……"②民国二十年（1931 年），河套只剩下杨家河为私有，政府鉴于其他干渠都收归公有，于是准备将其收公。这时掌门人二杭盖杨春林把杨家河开挖经过及杨家为开渠负债累累的情况，上报给绥远省建设厅，呈请省厅缓收渠权，以此为抵偿债务之缓冲。省厅长官冯曦批示，杨家开挖杨家河花费了巨额白银，如果立即收公，与自己提倡人民自主修渠的本意相违背，而且出于对杨家的同情，准许杨家河暂时由自己经管。当时杨家河没有立即归公，一是杨家的理由比较充分，开挖杨家河时举借的外债尚未偿清，杨家还需要水租收入来抵偿外债；二是省厅出于对杨家的同情，不忍心将其收归，这也是当时一般官员对于杨家的看法。但省厅只是暂准杨家自行管理，杨家河的收公只是一个时间问题。民国二十八年（1939 年）傅作义的抗日大军进入河套，为了保证粮食的供应，必须统一水利规划和农业布局，杨家河于是年被收回公有，所有制上从此由杨家私有变为国家公有，这就是杨家河改制。绥远省建设厅免去四杭盖杨铎林的杨家河渠水利公社经理职务，任命杨家的渠头贾八宝为公管后的第一任经理。

杨家当时，是不甘心几代人开挖的杨家河被收走的，但是也不得不服从抗战和水利建设的总体需要。在抗战的特殊时期，政府将杨家河收归公有必然具有战时的特点。民国二十八年（1939 年），正是傅作义的国民军和日本侵略军在河套交战的关键一年，所以政府没有时间太多考虑杨家的利益，就将杨家河收公了。在杨家河收归公有之后的两年时间，杨家为争取政府的经济补偿，曾和政府反复交涉。民国二十九年（1940 年）六月二十八日，杨铎林、杨占林、杨桂林、杨云林、杨旺林、杨忠、杨孝、杨义、杨信联名上呈绥远省水利厅，写道："窃查民等父子十余人自民国五年即致力于开挖杨家河渠一事，竭三世之力，费十余年之功，至民国十六年而大功始将告成，费款至百余万元之巨，其间所经困苦，实非笔墨所

① 智纯口述，2015 年 8 月。智纯，1922 年生，杨米仓外孙，大学退休教授。
② 巴彦淖尔档案馆藏．绥远省水利档案：407 卷，7-4-113。

能尽述。当开挖之际，所需工款除将历年积蓄用罄而复告贷外，甚至抵以钗钿首饰，仍尤不足。故大二三五诸兄弟悉因惨淡经营，用力过度陆续毙命，而二兄春林之殁尤为可悯，盖先后因工银无法开付痛不欲生者即有数次之多，在杨家河居住稍有年者即多知其事，民等每一念及辄为心伤。"①杨家先追述杨家河开挖之艰难历程，然后回顾民国二十年（1931 年）省建设厅对杨家河的处理意见，当时冯厅长批示：杨家河暂时由杨家河经营，"所垫渠费应即算明，截至十九年底除历年水利盈余除抵，尚有不敷若干，自二十年起再在水利盈余项下依次按年除抵，一俟抵清之后，杨家河仍应归公。"②这个批示明确说明杨家河不是无偿收归，而是算明杨家河的开挖费用，以民国十九年（1930 年）之前杨家河历年水租盈余，来抵偿杨家开渠之费，不足部分从民国二十年（1931 年）的杨家河水租盈余中按年扣除。杨家继续说道："惟数年以来经修各渠费之不敷复至，又亏累四万余元之巨，此种情形无非因每年丈青有限，而经修费之收入常不能抵实际之支出。地方人士不加之察，反谓屡年盈余概由民等中饱，实则河套各水利社苟逐一考查，每年收支实况莫不债台高筑，呈准附加。故民等于去春自动将斯渠推归地方以让贤路，然一年于兹，成绩之优劣姑且勿论，而每顷青苗即多增附加三元，其他浇水坐具等临时工程所需车辆，柴草各物仍时赖之地方，是可知民等经营时之亏累固非无因而然也。复查民等干渠仅需三十余万两，而八大支渠需款即居其半，原开渠用款系七十余万两，嗣因利息所关，逐增至百万之多，经民父子兄弟竭尽全力，商耕并行，始得有数百顷买地结晶，而该项款则迄今仍未减少，每顷地上所入尚不敷应用，是以十余年来外债依然，苟再迁延搁置，诚恐破产之虞指日可待。且河套私渠凡收归公有者，国家均曾发给巨款以资赔偿藉励奖赉，义和、沙和等渠莫不如是，揆诸情理，民等似不应例外，使抱向隅之感。为之备文恳请伏祈——钧座迅予恩准，发还原挖渠用款七十余万两以示悯恻，则不独民等感德于无涯，即已故之诸兄弟亦心安九泉矣。"杨家明确提出政府补偿开渠费用七十万两白银，其理由主要有：第一，杨家管理杨家河在杨铎林任内入不敷出；第二，杨家开渠费用加上高利贷，百万白银的负担，使杨家濒临破产，杨家亟须经济支持；第三，历史上公家将私渠收回都有巨款补助，杨家不应该例外。

我们来分析一下杨家的这三个理由。首先，看第一点。杨家管理杨家河最近几年入不敷出，指民国二十四年（1935 年）至民国二十七年（1938 年），杨家河水租不抵岁修之费，共亏累四万余元。为此杨家指出，河套各水利社的经营情况亏累多于盈利；杨家河收公一年，每顷青苗多收水租三元，还需要地方提供车辆、柴草各物，可见杨家管理杨家河时的情况。这些理由基本上是实事求是的，可以看杨铎林呈报的清册：

---

① 巴彦淖尔档案馆藏．绥远省水利档案：407 卷，7-4-113。
② 巴彦淖尔档案馆藏．绥远省水利档案：407 卷，7-4-113。

谨将任内经理杨家河渠，由民国二十四年起截至二十七年止，每年丈青地亩总数、每顷地应征经费数暨解交总局经费数及挖渠打坝开支、本社经费、购置家居各等支销数目，一并开列于后。计开：

民国二十四年共丈青苗地四百六十顷零六十四亩四分，每顷地应征收经理费洋十二元，共合洋五千五百二十七元七角二分八厘。……以上共计支出洋一万七千七百一十六元八角一分。

民国二十五年共丈青苗地五百六十七顷四十亩零四分四厘，每顷地应征经费洋十二元，共合洋六千八百零八元八角五分三厘。……以上共计支出洋二万零二百零九元五角。

民国二十六年共丈青苗地八百三十七顷五十九亩六分，每顷地应征收经费洋十二元，共合洋一万零五十一元一角五分二厘。……以上共计支出洋二万一千三百五十元。

民国二十七年共丈青苗地八百八十顷六十八亩八分六厘，每顷地应征经费洋十二元，共合洋一万零六百零四元二角六分三厘。……以上共计支出洋二万一千三百八十五元。

以上共计应征洋三万二千九百九十一元九角九分六厘，共计支出洋八万零六百六十一元三角一分，除收洋三万二千九百九十一元九角九分六厘外，尚不敷洋四万七千六百六十九元三角一分四厘，此款由经理借垫。"①

从此清册可知，杨铎林任内四年中，每年应征水租总和，每年上缴经费、挖渠打坝开支、水利公社开支、购置家居等费用总和，两项总和相减，杨家尚不敷四万七千六百余元。

其次，看第二点。杨家开渠费用加上高利贷，是一项沉重的经济负担。兴修杨家河的经费主要靠借贷，借款的主要来源是天主教会和大户。当时河套地区的天主教属于宁夏教区，三盛公教堂是河套地区的所有教堂领导枢纽。杨家的掌柜向教堂借钱开渠，承担高额的利息。杨家用杨家河的水租中相当大的一部分支付教堂的本息，杨家从能收到水租开始就支付教堂的水租，一直持续二十多年。当民国二十八年(1939年)傅作义将杨家河收归政府，杨家欠教堂的钱仍然有相当大的一部分没有还清。此外，还有向各大地户的贷款，一直是杨家的沉重负担。在杨米仓外孙智纯的回忆中，就有个叫张五拉的财主，经常套着骆驼车到谦德西向杨家讨债。

最后，看第三点。历史上政府将私渠收公，确实曾给予一定的经济补偿。王同春将五道干渠报效政府，得到的补偿银是三万余两，其他地商将塔布河、缠金

---

① 巴彦淖尔档案馆藏. 绥远省水利档案：407卷，7-4-113。

渠、长胜渠、老郭渠报效，得到补偿银共计七万余两。[1] 清末的私渠公有所有地商共得到补偿银十万余两，基本上是开挖一条干渠的费用，这个补偿数目无论如何也算不上是"巨款"。其实杨家非常清楚这段历史，因为杨家本身就是河套水利史的见证人。杨家提出补偿全部开渠费用，一则找不到历史上的根据，二则更关键的是当时的社会客观条件根本不允许。杨家争取一些开渠补偿费无可厚非，但想得到这样的巨额补偿是不是有些异想天开？杨铎林等人其实非常清楚当时的客观形势，在这里有意说高前人得到的补偿费，不过是想为家族争取到较多的补偿，以告慰先人和缓解巨大的债务压力。

对于杨家提出的问题绥远省水利厅是如何解决的呢？绥远省厅主要对杨铎林任内不敷渠费问题给予解决，对于杨家河开挖费用的补偿虽也进行过讨论，但终没有如杨家所愿。民国二十九年（1940年）七月二十三日，省水利厅局训令杨家河渠水利公社经理贾八宝查照核议杨家提出的问题。[2] 民国二十九年（1940年）十一月十日，杨家河渠水利公社经理贾八宝就此事呈省水利厅："查此事体重大，无法拟办，当于本月七日提交本社董事、乡长大会，请予以核议办法。当经大会决议，所述杨家河原挖渠费七十余万元，因其过去水租、地租各款数目统归谦德西自行规定，漫无限制，经营多年，其利无算，地方认为有盈，杨家自以有亏，究竟如何实属无法查核，绝难承认。至其二十四年至二十七年四年内之亏垫洋四万七千六百余元，关系地方人民负担至深且巨，尚需召集民户大会核议，是否负担、如何归还再行决定。"[3] 时任杨家河渠水利公社经理贾八宝提出，对于杨家河开挖渠费，因为杨家河私有期的水租、地租都是谦德西自行规定，杨家经营多年，到底是盈利还是亏负，已经无法查清落实，杨家提出的补偿开渠费用七十万白银绝难承认；对于杨家在民国二十四年（1935年）至二十七年（1938年）四年亏垫的四万七千六百余元，需要召集民户大会核议是否负担和如何负担。民国二十九年（1940年）十一月十四日绥远省水利厅批示："仰该经理即便呈具，迅将原开渠历年支付工程费用，以及以后历年渠款收入各详细精目，造册报局，以凭核办。至廿四年至廿七年不敷经渠等费，应俟该社合集民户大会决议报局后，再行核饬。"[4] 省厅批示，让卸任经理杨铎林将杨家河开渠历年工程费用以及历年水租地租收入详细造册，以作为解决的依据；不敷经渠费等民户大会决议上报后再决定。对于杨家提出的七十万补偿，省厅也没有回避问题，不过必须有解决的依据，这个须由杨家来提供。但是在之后的档案中，再没有查到杨铎林呈报给水利公社或省水利厅的杨家河开支明细清册，可见这个清册是难以造出的。杨家河从民国六年（1917年）开挖到民国二十七年（1938年），历经二十余年，其间经历了杨茂林、杨春林、杨

---

① 陈耳东. 河套灌区水利简史［M］. 北京：水利水电出版社，1988：55.

② 巴彦淖尔档案馆藏. 绥远省水利档案：407卷，7-4-113。

③ 巴彦淖尔档案馆藏. 绥远省水利档案：407卷，7-4-113。

④ 巴彦淖尔档案馆藏. 绥远省水利档案：407卷，7-4-113。

文林、杨铎林等执掌渠务。杨家河开挖之后，杨家一方面有了可观的水租和地租收入，一方面又是在借债、还债的循环中勉强维持，情况复杂得难以想象，具体的开支已经是一笔糊涂账，不可能计算清楚。

根据省水利厅的批示，对于杨铎林任内不敷渠费，杨家河渠水利公社经理贾八宝召集民户大会商讨，并于民国三十年(1941年)四月二日上呈水利厅："当于二月二十一日提交民户大会，乃经杨家代表杨忠、杨义申述事实与理由，同时有出席民户反复答辩，结果决议：此项亏垫不敷经渠各费四万余元既系实情，着自民国三十年起，截至三十五年年底，以六年为期，每年每顷地由修渠费项下附加洋六元，以补此项亏垫。但于期满后不论为数多寡，即作罢论，杨家亦不得再事藉词生枝等语。此项决议当经杨家代表附议，经众通过。"①民国三十年(1941年)二月二十一日，经过杨忠、杨义在民户大会上的申述，以及与民户的反复辩论，最后提出的杨铎林任内不敷渠费的解决方案是：从民国三十年(1941年)起，至三十五年(1946年)，农户每年每顷地增加六元修渠费，以填补杨家此项亏垫。应该说这次民户大会是充分尊重了杨家的利益需求，是公开公平的一次大会。至此杨家管理杨家河最后四年的不敷经费问题得以圆满解决。

杨家提出的补偿七十万开渠费最终不了了之。杨家河是不是完全无偿收公的呢？据杨氏后人回忆，好像在米仓县成立之时，绥远省政府曾拨给杨家一万银圆，作为对杨家开渠的一点经济补偿。固然这与杨家三代人投入的百万巨款相比只是百分之一，其意义主要是国民政府对杨家功绩的肯定。我们把杨家河开挖到收归公有的历程梳理一下，杨家三代人投入巨资开挖杨家河，历经十余年，九死不屈修成杨家河，渠开成后杨家在受益的同时背负沉重的债务，而在杨家河收归公有的前几年，杨家河的水租已经入不敷出，杨家整体已经在走下坡路。杨家河的开挖，就杨家本身来说，既是杨家河的一大受益者，同时又为自己背上了一个大包袱。杨家河的开挖，就河套人民来说，是一项民生工程，开挖之初就能解决三千户农民的吃饭问题，之后养活人口逐步扩大至数万、十数万。杨家所得利益，只是杨家河灌溉之利的一小部分，杨家河灌溉之利最大的受益者是百姓。杨家河从私有转变为公有，使杨家河工程的民生功能更加突出。杨氏后人认为，必须依靠国家保卫一方水土，国家控制河流灌溉对百姓有利，能保证百姓的力量。如果河流控制在私人手里，河流的所有者一旦变换，就会造成混乱而影响百姓的生活和社会的稳定。河流控制在国家手里，就能保证百姓的利益和社会的稳定。②从长期的发展看，杨家河渠改制有利于保证民生，促进经济发展和社会进步。

(二)米仓县建立

米仓县于民国三十一年(1942年)设立，1953年撤销，在河套存在了约十一年

---

① 巴彦淖尔档案馆藏 . 绥远省水利档案：407卷，7-4-113。
② 智纯《杨桂林墓碑文》，墓碑文作于2003年，2017年编入《河套水利世家杨氏族谱》。

时间。米仓县是傅作义推行新县制的产物。民国三十一年（1942年），河套的抗争进入相持阶段，为了适应抗战需要，傅作义在河套推行新县制。绥远省政府于民国三十一年（1942年）四月十日，呈请国民政府准予增设县局，"绥彻底实施新县制，以增强管教养卫力量起见，特呈中央将绥西县局重新划定，并废去区级。除原有五原、临河、安北三县外，新设米仓县及狼山、晏江两设治局"。① 同年绥远省将临河县原第四区和第三区的一部分划为一个新县，辖区主要在杨家河灌区一带。为了纪念杨家开挖杨家河的历史贡献，绥远省政府决定用杨氏人名为新县命名，杨氏族人派代表杨忠、杨义及杨廉参加政府新县命名征求，经过杨氏族人与政府协商，新县冠名为米仓县。"民国政府为纪念祖父创业功绩，以祖父'米仓'命名，颁立了'米仓县'，县址就设在杨家河中下游的三道桥镇并建立了祠堂。"② 米仓县政府设在三道桥，其地理位置，南起原磴口县和杭锦旗的北界，北抵阴山脚下的魏柜湾和西补隆一带，东毗临河县的太成乡和太乐乡西界，西至王爷地即乌拉布和沙漠东端。全县面积约二千平方公里，人口约七万六千人。③

抗战时期的河套地区，在其未实行新县制之前，只有五原、临河、安北两个半县局。当时，安北仍为设治局，下辖两个区公所，第一区大佘太已为沦陷区，仅有第二区扒子补隆。五原县设有四个区，第一区区公所设在郝头圪堵、第二区区公所设在四道堰子、第三区区公所设在四柜圪旦、第四区区公所设在乌镇。临河设有四个区，第一区区公所设在县城西郊、第二区区公所设在庆鲁乡(祥太魁)、第三区区公所设在陕坝镇、第四区区公所设在二道桥(杨柜)。④ 新县制的行政区域规划是：将原安北第二区划为安北县，县政府在扒子补隆；将原五原的二区和三区划分为晏江县，县政府在塔尔湖；将原五原一区和四区划为五原县，县政府在隆兴长；将原临河二区和三区的一部分，划为狼山县，县政府设在永安堡；将原临河四区和三区的一部分划分为米仓县，县政府在三道桥；将原临河三区公所所在地陕坝铗，改为陕坝市；将原临河一区和黄济渠以东的三区部分，划为临河县，县政府在永济镇。七县市共辖九十二个乡镇，其中米仓县十九个乡镇为：平化乡、平章乡、平教乡、平理乡、平成乡、平和乡、平治乡、平定乡、平西乡、平政乡、平顺乡、新中乡、新乐乡、新成乡、新理乡、新化乡、新和乡、新教乡、新隆镇。新隆镇即县府三道桥。⑤

有资料说，米仓县十九乡镇与今杭锦后旗乡镇对应关系是：新中今四支，新

① 丁平. 抗战时期绥远省政与在绥西施治历史研究[M]. 北京：中央民族大学出版社，2012：56.

② 智纯口述，2015年8月. 智纯，1922年生，杨米仓外孙，大学退休教授.

③ 王直科. 米仓县经济、教育、工作概况忆述[Z]//中国人民政治协商会议巴彦淖尔文史资料委员会. 巴彦淖尔文史资料：第10辑，1989：51.

④ 丁平. 抗战时期绥远省政与在绥西施治历史研究[M]. 北京：中央民族大学出版社，2012：56.

⑤ 刘培荣. 傅作义在河套实施"新县制"的忆述[Z]//中国人民政治协商会议巴彦淖尔盟委员会文史资料委员会. 巴彦淖尔盟文史资料：第8辑 傅作义在河套，1987：97-98.

乐、新成今南渠，平教、新教今沙海，平成今太阳庙，平章今大树湾，平理今小召，新化、新隆、平化今三道桥，平政今二道桥，平治今召庙，平顺、平和今查干、黄河，新理、新政今头道桥。各乡镇以"新""平"两字命名，带"平"字者为原临河四区的旧乡名，带"新"字者为建县后设乡另起乡名。民国三十八年（1949 年）新政乡和新理乡合并为新和乡。① 米仓县的建立使杨家河灌区更好地发挥了抗日根据地的功能。米仓县治所三道桥逐渐成为杨家河灌区的政治、经济和文化中心，其繁荣程度甚至超过了杨家河中游的二道桥。时至今日，三道桥仍为杭锦后旗的一大镇。

二、从黄杨接口工程到解放闸

杨家河收归公有之后，民国政府主持了黄杨接口工程，合理调配了杨家河和黄济渠的进水量，更好地发挥了两条干渠的灌溉作用。黄杨闸于民国时期开始筹划和施工，但是因资金短缺而被迫停工，直至中华人民共和国成立后才在人民政府的领导下建成。

杨家河渠口稳定，进水好，坡度陡，渠线直，在河套各大干渠中以水量充足著称。同时也存在一些问题，杨家河的一些支渠不讲究地形，如三淖河开在低洼地形上，经常决口；杨家河渠口是无坝行水的自流水，汛期没有节水建筑，水越流越多，渠道坡度越流越大，经常决口淹没农田和村庄。杨家河东邻黄土拉亥河，渠道坡度小，水流慢，渠线弯曲，渠路低洼，在黄土拉亥河开口的支渠远看背高赛墙，近看渠浅如碟。民国二十四年（1935 年）以后黄土拉亥河渠道失修，渠口壅塞，引起黄河主流南移。民国二十九年（1940 年）开始黄土拉亥河连续三年进水不畅，农田干旱歉产。民国三十一年（1942 年），黄土拉亥河附近黄河主流移靠南岸，渠口附近变成漫滩浅水，进水严重受阻。民国三十二年（1943 年），绥远省建设厅改组原黄土拉亥河水利公社，成立黄土拉亥管理局，由冯福泽任局长。时绥省水利局局长王文景，对杨家河丰水过甚和黄土拉亥河干旱缺水的情况进行了分析，认为以杨家河丰水过甚为害的余水，济黄土拉亥河缺水受旱的不足，进而提出将河套各大干渠合并为四面引水的设想。同年四月，黄杨接口工程开始，傅作义调遣国民军二千五百人承担挖渠任务，由杨家河口部高信信圪旦开口，挖到烂王贵村东临河县与米仓县交界附近接入黄土拉亥河。

黄杨接口工程同时，在黄杨接口处建筑大型草闸黄杨闸。民国三十一年（1942 年）冬就开始准备黄杨闸的材料，主要是红柳、哈玛等柴草一万五千车，共计七百五十万千克。民国三十二年（1943 年）春开河后开始建筑黄杨草闸工程，由青壮年民工四百人承担。黄杨草闸主要作用是节制杨家河进水，抬高闸前水位向乌拉河、

---

① 王直科，等. 米仓县行政组织概况忆述[Z]//中国人民政治协商会议杭锦后旗委员会文史资料研究委员会. 杭锦后旗文史资料：第 10 辑，1989：20.

黄土拉亥河输水。做好的草闸身长三十五米，闸底宽八米，口宽十米，柴土混合以鹅毛扇方式铺底，上压木板，再以三十七根松木大梁隔一米一根压底，之后做起码头。当时河套的草闸形式还没有统一完善和定型，由于经验不足，杨家河截流的坝址距草闸位置太近，工程完成后放坝通水，跌水正落在闸前冲成大坑，闸基有所行动，三十七根底梁全部被水冲断，闸身有被摧的危险，起不到拘水的作用。接着从米仓、临河、狼山三县重新发动民工三百人，在原草闸下四百米处重新建成临时活水码头，也叫活水闸。黄杨草闸常年有百余民工维护，维持三年左右，有效地缓和了黄土拉亥河的缺水，因为杨家河向黄土拉亥河济水，正式把黄土拉亥河改名为黄济渠。[①]

    民国三十五年（1946年），绥远省水利局制定了《后套灌区初步整理工程计划概要》，《概要》的具体治理计划提出了"四首制"和"一首制"，认为一首制工程量大，可以作为远景目标；四首制简单易行，可先行施工。四首制就是归并杨、永、复、义四大干渠，建立永固石闸，杨家河、黄济渠、乌拉河三渠合并，开挖一引水渠，建筑一个永久性石闸，叫第一闸。根据四首制的方案，王文景为首的绥远省水利局采取措施，开始修建黄杨闸。民国三十五年（1946年）年底，绥远省水利局建立"绥西水利建筑委员会"，作为黄杨闸施工领导机构，具体施工机构为黄杨闸工程处，第一处长边子元，第二处长赵家璞。民国三十六年（1947年）六月四日至九日，在陕坝召开水建会第一次会议，主要研究黄杨闸的施工安排，具体决定有：第一，先自筹经费开工，急需的工粮由省自筹万石粮食解决。第二，决定自行采购打桩木料一万二千根，派专人从兰州采购并尽快从黄河水运回来，以应急需。其他工程材料，已经购买洋灰八百五十吨，由傅作义在津拨给铁料十五吨，并在绥拨给废汽车铁七吨。另外自行购买箩头五千担，铁柄一万根，铁锹二百把，帐篷十三顶。第三，将黄杨闸工程列为第一工程，闸址由主任决定。第四，工程任务，由全地区负责百分之三十，由黄济渠、杨家河、乌拉河三渠灌区负责百分之七十。第五，招工一千人，于六月底招齐，七月开工。这次会议正式宣布成立领导机构和施工机构，决定了工程的大政方针，部署了施工的行动计划，是黄杨闸工程一次重要的会议。同时我们看到黄杨闸工程施工条件非常不成熟，工程没有技术设计，闸址也没有选定，工程资金和工程材料严重短缺。在准备不充分的情况下黄杨闸工程开工了，施工过程非常艰难，资金不到位，技术不过关，甚至施工工人集体潜逃。到1949年秋，在黄济渠和杨家河两渠口附近高信信圪旦开挖出两个基坑，工程就中断了。[②]

    1949年冬天，绥远省人民政府决定把中华人民共和国成立前被迫停工的黄杨

---

    ① 阎鸿俊．旧黄杨闸水利工程的兴废[Z]//中国人民政治协商会议巴彦淖尔盟委员会文史资料委员会．巴彦淖尔盟文史资料：第15辑 河套水利，1995：130-133.

    ② 陈耳东．河套灌区水利简史[M]．北京：水利水电出版社，1988：136-139.

闸列为报批的续建项目。以王文景为首的技术人员，于当年十二月重新编制续建黄杨闸施工方案，名为《绥远省后套灌溉四首制进水闸第一期工程计划书》，包括第一总干渠黄杨闸全部工程及第四总干渠引水工程。黄杨闸工程是连接黄济渠、杨家河、乌拉河三大引水口的进水闸分水枢纽，计划引水量每秒一百四十立方米，灌地二百八十万亩，并建有渠首进水闸。1950 年 1 月，绥远省人民政府将工程计划向省人民政府汇报后，于 2 月以省人民政府名义上报中央政府水利部批准。4 月，黄杨闸工程处赴现场筹备施工。水利部对这项工程很重视，将其列为部管项目，并组织工作组实地查勘，帮助研究四首制规划。经勘查研究后，工作组和水利部同意黄杨闸工程按计划进行，但要求按一首制引水方案修改设计，尽可能将来与尚未定址的一首制引水枢纽和总干渠工程结合起来。水利部考虑到黄杨闸工程处技术力量薄弱，派水利专家陈子颢驻工地帮助设计和施工。为了与一首制相结合，对黄杨闸闸址做了移动，移到旧闸址西南二公里处，东距黄河三公里，南距黄河十公里，北距陕坝五十公里。1950 年 5 月黄杨闸工程正式开工。参加施工的干部、民工近万人。工程共投资三百三十四万元，其中三百零六万元是国家水利贷款，工程竣工不久被豁免。1952 年 5 月黄杨闸工程竣工，竣工典礼上正式更名解放闸。①

　　解放闸是杨家河收归公有后人民政府主持修建的水利工程，也标志着杨家河的历史进入一个崭新阶段。时至今日，杨家河依然流淌于黄河与阴山之间，灌溉面积近七十万亩，灌区内人口十余万，像母亲哺育儿女一样哺育着杭锦后旗。

---

　　① 《巴彦淖尔市水利志》编委会 . 巴彦淖尔市水利志［M］. 巴彦淖尔：内蒙古河套灌区管理总局内部资料，2007：220.

附　　录

《绥远通志稿》杨家河支渠表

名称	修凿之时间及公款来源额数	长度深浅及其流量大小	所灌村落	所属子渠数目	备考
第一支渠 黄羊木头支渠	民七，杨春林私款一万六千二百余两	长三千四百丈，宽二丈，深五尺。水大而畅	黄羊木头及召滩一带	十六道	
第二支渠 于王留支渠	民十五，于王留私款一万余两	长一千八百余丈，宽一丈六尺，深四尺。水势中	脑高特拉及召滩一带	九道	
第三支渠 中谷儿支渠	民六，杨春林私款三万二千四百余两	长九千丈，宽二丈四尺，深五尺。水大而畅	乌兰淖尔、红柳等处	三十八道	
第四支渠 刘高保支渠	民十一，刘高保私款二千余两	长七百二十余丈，宽一丈，深四尺。水势中	中谷儿堂一带	无	
第五支渠 傅篮罗支渠	民七，傅篮罗私款四百余两	长三百六十余丈，宽六尺八寸，深四尺。水势不佳	中谷儿堂门前一带	无	
第六支渠 老谢支渠	民九，杨春林私款三万二千四百余两	长一万零八百余丈，宽二丈，深五尺。水势中	速台庙老谢圪卜一带	四十一道	
第七支渠 东边支渠	民九，众花户集款五千余两	长一千一百四十余丈，宽一丈，深四尺。水势中	捉鳖壕、杨二圪旦一带	七道	

名称	修凿之时间及公款来源额数	长度深浅及其流量大小	所灌村落	所属子渠数目	备考
第八支渠王根根支渠	民八，王根根、刘给喀合款二千余两	长七百二十余丈，宽一丈，深四尺。水势中	哈喇沟一小部	无	
第九支渠东边支渠	民十七，杨春林私款六千四百八十余两	长二千七百余丈，宽一丈六尺，深五尺。水大而畅	哈喇沟、沙沟堰一带	十一道	
第十支渠小东边支渠	民八，众花户集款一千五百余两	长七百二十余丈，宽一丈，深三尺，水势中	哈喇沟一小部	四道	
第十一支渠吕平治支渠	民八，吕平治私款三百余两	长三百六十余丈，宽四尺六寸，深三丈。水大而畅	同	无	
第十二支渠郝二老汉支渠	民八，郝二私款八百余两	长五百四十余丈，宽一丈，深四尺。水大而畅	二道桥南	无	
第十三支渠刘高保支渠	民八，刘高保私款八百余两	长五百四十余丈，宽一丈，深四尺。水大而畅	二道桥南	无	
第十四支渠王四支渠	民八，王四私款六百余两	长五百四十余丈，宽六尺八寸，深四尺。水大而畅	二道桥南	无	
第十五支渠王银坑支渠	民八，王银坑私款六百余两	同	同	无	
第十六支渠朱二其支渠	民八，朱二其私款三百余两	长三百六十余丈，宽四尺六寸，深三尺。水大而畅	同	无	
第十七支渠高长林支渠	民八，高长林私款一千五百余两	长九百丈，宽一丈，深三尺。水大而畅	二道桥	无	
第十八支渠刘启世支渠	民八至一十，刘启世与张温于三家，集款八千余两	长一千六百二十余丈，宽一丈，深五尺。水大而畅	二道桥城东至沙沟堰畔	五道	

续表

名称	修凿之时间及公款来源额数	长度深浅及其流量大小	所灌村落	所属子渠数目	备考
第十九支渠陕坝支渠	民八至十，杨春林私款二万二千六百八十两	长六千三百丈，宽二丈，深五尺。水大而畅	二道桥东及速台庙、王仲喜圪旦、于家圪旦、关二安圪卜等处	二十三道	
第二十支渠杨毛匠支渠	民九，杨毛匠私款一千余两	长七百二十余丈，宽一丈，深四尺。水大而畅	杨毛匠圪旦	无	
第二十一支渠田骡驹支渠	民九，田骡驹私款二百余两	长三百六十余丈，宽四尺六寸，深三尺。水大而畅	田骡驹圪旦	无	
第二十二支渠郭启世支渠	民九，郭启世私款三百余两	长五百四十余丈，宽四尺六寸，深三尺。水大而畅	郭家台子附近	无	
第二十三支渠沈存子支渠	民九，沈存子私款一百余两	长三百六十丈，宽四尺六寸，深三尺。水大而畅	沙罗圈南沈存子圪旦	无	
第二十四支渠赵栓马支渠	民十，赵栓马私款五百余两	长五百四十余丈，宽四尺六寸，深三尺。水大而畅	三道桥以南至沙罗圈北	无	
第二十五支渠天主堂支渠	民十，天主堂私款二千余两	长九百余丈，宽一丈，深四尺。水大而畅	三道桥堂东南	无	
第二十六支渠天主堂支渠	民十，天主堂私款二百余两	长三百六十余丈，宽六尺八寸，深三尺。水大而畅	三道桥堂北	无	
第二十七支渠王外生支渠	民十，王外生私款一百七十余两	长三百六十余丈，宽四尺六寸，深三尺。水大而畅	王外生圪旦、高栓小子圪旦	无	
第二十八支渠塔侯仁支渠	民十，塔侯仁私款五千余两	长一千六百二十余丈，宽一丈，深三尺。水大而畅	塔侯仁圪旦、三大股	无	

名称	修凿之时间及公款来源额数	长度深浅及其流量大小	所灌村落	所属子渠数目	备考
第二十九支渠热水圪卜支渠	民十，李留所私款一百余两	长三百六十余丈，宽四尺六寸，深三尺。水大而畅	热水圪卜	无	
第三十支渠蛮会支渠	民十一至十四，杨春林私款八万一千六百四十八两	长一万二千六百余丈，宽三丈六尺，深六尺。水大而畅	芦草圪卜、李三秃圪旦、蛮会堂、西勾星庙圪卜、天义生圪卜、谦义和、后速坝一带	七十三道	
第三十一支渠胡达赖支渠	民十二，胡达赖私款五千余两	长一千四百四十余丈，宽一丈六尺，深四尺。水大而畅	沙沟堰、胡达赖城附近	三道	
第三十二支渠白乔保渠支渠	民十二，白乔保私款二千余两	长九百余丈，宽一丈，深四尺。水大而畅	白乔保圪旦一带	二道	
第三十三支渠李三河支渠	民十五，李三河私款三千六百余两	长一千零八十丈，宽一丈六尺，深四尺。水大而畅	李三河圪卜附近	三道	
第三十四支渠王栓如支渠	民十五，王栓如私款一百余两	长四百丈，宽四尺六寸，深三尺。水大而畅	杨柜、北牛犋后加河畔	无	
第三十五支渠西边支渠	民十一，众花户集款三千五百余两	长一千二百六十余丈，宽一丈，深四尺。水势不佳	西那只亥一带	四道	
第三十六支渠大臣支渠	民九，杭旗西圪卜大臣私款二千余两	长九百余丈，宽一丈，深四尺。水势中	那只亥城附近	无	
第三十七支渠赵连奎支渠	民十，赵连奎私款一千余两	长五百四十丈，宽一丈，深四尺。水势中	赵连奎圪旦附近	无	

续表

名称	修凿之时间及公款来源额数	长度深浅及其流量大小	所灌村落	所属子渠数目	备考
第三十八支渠三淖支渠	民九至十三，杨春林私款二万八千零四十余两	长一万二千六百丈，宽三丈，深六尺。水大而畅	哈喇沟、甲登坝庙、白脑包圪卜、三淖、一苗树、土召子圪卜、合燕脑包至永兴隆一带，以及马三海、赵五禄地方	七十余道	
第三十九支渠吕四旦支渠	民八，吕四旦私款二百余两	长二百八十余丈，宽四尺六寸，深三尺。水势中	吕四旦圪旦附近	无	
第四十支渠尹喜支渠	民八，尹喜私款三百余两	长三百六十丈，宽四尺六寸，深三尺。水大而畅	尹喜圪旦附近	无	
第四十一支渠白官保支渠	民八，白官保私款三百余两	长三百七十丈，宽四尺六寸，深三尺。水大而畅	白官保圪旦附近	无	
第四十二支渠张大喜支渠	民八，张大喜私款三百余两	长三百七十余丈，宽四尺六寸，深三尺。水大而畅	张大喜及土双喜附近	无	
第四十三支渠寇贵荣支渠	民八，寇贵荣私款八百余两	长七百二十丈，宽四尺六寸，深三尺。水大而畅	二道桥西附近	无	
第四十四支渠西边支渠	民十至十一，杨春林私款五千一百八十四两	长二千七百丈，宽一丈六尺，深四尺。水大而畅	粉房圪旦以及王天成圪旦等处	五道	
第四十五支渠刘禄支渠	民十，刘禄私款五百余两	长七百二十余丈，宽四尺六寸，深三尺。水大而畅	刘禄圪旦附近	无	
第四十六支渠吴金桂支渠	民十，吴金桂私款五百余两	同	吴金桂圪旦附近至澄泥圪卜城以东		
第四十七支渠贾八宝支渠	民十，贾八宝私款二千余两	长一千二百六十余丈，宽六尺八寸，深三尺。水大而畅	澄泥圪卜附近	三道	

名称	修凿之时间及公款来源额数	长度深浅及其流量大小	所灌村落	所属子渠数目	备考
第四十八支渠冯仁渠支渠（编者注："马仁""冯仁"不知孰误）	民十，马仁私款三百余两	长三百六十余丈，宽四尺六寸，深三尺。水大而畅	马仁圪旦附近	无	
第四十九支渠福茂支渠	民十，福茂私款二千余两	长九百余丈，宽一丈，深三尺。水大而畅	福茂西圪卜及高德元圪旦	三道	
第五十支渠赵五禄支渠	民十九，杨春林私款一万余两	长二千四百余丈，宽一丈六尺，深五尺。水大而畅	梅令庙滩至河筲子畔一苗树	十道	
第五十一支渠杨胡栓支渠	民十一，杨胡栓私款三百余两	长五百四十余丈，宽四尺六寸，深四尺。水大而畅	杨胡栓圪旦	无	
第五十二支渠冯官锁源支渠	民十七，冯官锁私款五千余两	长九百余丈，宽一丈，深四尺。水大而畅	梅令庙滩	无	
第五十三支渠刘四明眼支渠	民十一，刘四明眼私款三百余两	长五百四十余丈，宽四尺六寸，深三尺。水大而畅	三道桥南	无	
第五十四支渠同义长支渠	民十，同义长私款二千余两	长九百余丈，宽一丈，深四尺。水大而畅	三道桥背后	二道	
第五十五支渠西渠支渠	民十，杨春林私款六千余两	长一千一百六十余丈，宽一丈六尺，深四尺。水大而畅	李大羔圪旦至瞎梅令湾	十道	
第五十六支渠樊毛四支渠	民十，樊毛四私款三百余两	长五百四十余丈，宽四尺六寸，深三尺。水大而畅	樊毛四附近	无	
第五十七支渠苏黑郎支渠	民十，苏黑郎私款四百余两	长九百余丈，宽四尺六寸，深三尺。水大而畅	堂圪卜一带至柴家圪旦	二道	

续表

名称	修凿之时间及公款来源额数	长度深浅及其流量大小	所灌村落	所属子渠数目	备考
第五十八支渠魏桂元支渠	民十一，魏桂元私款一百五十余两	长一百八十余丈，宽四尺六寸，深三尺。水大而畅	魏桂元附近	无	
第五十九支渠宋铜支渠	民十一，宋铜私款六百余两	长七百二十余丈，宽四尺六寸，深三尺。水大而畅	西沙湾一带	无	
第六十支渠缸房支渠	民十九，谦德西私款四千余两	长一千二百六十余丈，宽一丈二尺，深五尺。水大而畅	缸房门前至梅令湾	三道	
第六十一支渠张三毛支渠	民十九，张三毛私款一千余两	长九百余丈，宽一丈，深五尺。水大而畅	镇番圪旦附近	无	
第六十二支渠六八支渠	民十一，翟二私款一千余两	长九百余丈，宽一丈，深五尺。水大而畅	翟二圪旦及刘长在附近	三道	
第六十三支渠魏凤岐支渠	民十二，魏凤岐私款九百余两	长九百余丈，宽六尺八寸，深三尺。水大而畅	圪什圪湾一带附近	无	
第六十四支渠康善人支渠	民十二，康善人私款三百余两	长五百四十余丈，宽四尺六寸，深三尺。水大而畅	康善人圪旦及刘喜红圪旦	一道	
第六十五支渠王善人支渠	民十三，王善人私款三百余两	长一千零八十余丈，宽六尺八寸，深三尺。水大而畅	王善人圪旦及吕二圪旦附近	一道	
第六十六支渠刘喜红支渠	民十三，刘喜红私款五百余两	长三百六十余丈，宽一丈，深四尺。水大而畅	刘喜红圪旦及杨柜北牛犋附近	无	
第六十七支渠无名小渠	民十五，谦德西私款一百余两	长二百余丈，宽六尺八寸，深四尺。水大而畅	杨柜北牛犋背后、五加河畔	无	

参考文献

References

[1] 郦道元．水经注校正[M]．陈桥驿．北京：中华书局，2014.

[2] 二十五史[M]．上海：上海古籍出版社，1995.

[3] 潘复．调查河套报告书[R]．北京：北京京华书局，1923.

[4] 金天翮，冯际隆．河套新编[Z]//中国地方志集成·内蒙古府县志辑．南京：凤凰出版社，2012.

[5] 周晋熙．绥远河套治要[Z]//沈云龙．中国近代史料丛刊三编：第89辑．台北：台湾文海出版社，2000.

[6] 绥远民众教育馆．绥远省分县调查概要[Z]//中国近代史料丛刊三编：第89辑．台北：台湾文海出版社，2000.

[7] 廖兆骏．绥远志略[Z]//中国地方志集成·内蒙古府县志辑．南京：凤凰出版社，2012.

[8] 金曼辉．我们的华北[Z]//民国史料丛刊续编·史地．郑州：大象出版社，2012.

[9] 绥远通志馆．绥远通志稿：卷四十（上）：水利[M]．呼和浩特：内蒙古人民出版社，2007.

[10] 陈耳东．河套灌区水利简史[M]．北京：水利水电出版社，1988.

[11] 李文治．中国近代农业史资料[M]．北京：三联书店，1957.

[12]《巴彦淖尔盟志》编纂委员会．巴彦淖尔盟志[M]．呼和浩特：内蒙古人民出版社，1997.

[13] 牛敬忠．近代绥远地区的社会变迁[M]．呼和浩特：内蒙古大学出版社，2001.

[14] 内蒙古河套灌区解放闸灌域管理局．内蒙古河套灌区解放闸灌域水利志[M]．呼和浩特：内蒙古地矿印刷厂，2002.

[15]《巴彦淖尔市水利志》编委会．巴彦淖尔水利志[M]．巴彦淖尔：内蒙古河套灌区管理总局内部资料，2007.

[16] 巴彦淖尔盟档案馆藏．绥远省水利档案：407卷.

[17] 中国人民政治协商会议内蒙古自治区委员会文史资料研究委员会．内蒙

古文史资料：第 36 辑　王同春与河套水利[M]. 呼和浩特：内蒙古文史书店，1989.

[18] 中国人民政治协商会议巴彦淖尔盟委员会文史资料委员会. 巴彦淖尔盟文史资料：第 5 辑，1985.

[19] 中国人民政治协商会议巴彦淖尔盟委员会文史资料委员会. 巴彦淖尔盟文史资料：第 6 辑，1985.

[20] 中国人民政治协商会议巴彦淖尔盟委员会文史资料委员会. 巴彦淖尔盟文史资料：第 7 辑，1986.

[21] 中国人民政治协商会议巴彦淖尔盟委员会文史资料委员会. 巴彦淖尔盟文史资料：第 8 辑　傅作义在河套，1987.

[22] 中国人民政治协商会议巴彦淖尔盟委员会文史资料委员会. 巴彦淖尔盟文史资料：第 10 辑，1989.

[23] 中国人民政治协商会议巴彦淖尔盟委员会文史资料委员会. 巴彦淖尔盟文史资料：第 15 辑　河套水利，1995.

[24] 中国人民政治协商会议临河县委文史资料室. 文史资料选辑：第 1 辑，1985.

[25] 中国人民政治协商会议临河县委文史资料室. 文史资料选辑：第 2 辑，1985.

[26] 中国人民政治协商会议杭锦后旗文史资料委员会. 杭锦后旗文史资料选编：第 4 辑，1987.

[27] 中国人民政治协商会议杭锦后旗文史资料委员会. 杭锦后旗文史资料选编：第 5 辑，1990.

[28] 王卫东. 融会与建构——1648—1937 年绥远地区移民与社会变迁研究[M]. 上海：华东师范大学出版社，2007.

[29] 王建平. 河套文化·水利与垦殖卷[M]. 呼和浩特：内蒙古人民出版社，2008.

[30] 内蒙古自治区杭锦后旗志编纂委员会. 杭锦后旗志[M]. 北京：中国城市经济社会出版社，1989.

[31] 巴彦淖尔市地方志办公室. 临河县志[M]. 海拉尔：内蒙古文化出版社，2010.

[32] 刘海源. 内蒙古垦务研究[M]. 呼和浩特：内蒙古人民出版社，1990.

[33] 张遐民. 王同春与绥远河套之开发[M]. 台北：台湾商务印书馆，1984.

[34] 王晋生，王继祖，王绵祖，等. 引黄垦殖的开拓者王同春[M]. 呼和浩特：内蒙古人民出版社，2006.

[35] 石满祥口述，刘培荣整理. 对份子地开发史实的忆述[Z]//政协临河县委

文史资料室．文史资料选辑：第 2 辑，1984．

[36] 李茹．河套地商与河套地区的开发[D]．内蒙古大学，2004．

[37] 田军．民国时期后套地区的农业开发[D]．内蒙古大学，2010．

[38] 田军．近代天主教会对后套地区的水利开发及其影响[J]．内蒙古大学学报(哲学社会科学版)，2010，42(3)：103-107．

[39] 陈耳东．如何看待杨家河的历史定位[C]//王建平．河套文化论文集(四)．呼和浩特：内蒙古人民出版社，2006．

[40] 张植华．略论河套地商[Z]//刘海源．内蒙古垦务研究．呼和浩特：内蒙古人民出版社，1990．

[41] 陶继波．晚清河套地商研究[J]．内蒙古社会科学(汉文版)，2005，26(6)：66-70．

[42] 王建革．清末河套地区的水利制度与社会适应[J]．近代史研究，2001(6)：127-152．

后　记

　　从小听杨家河的故事，从小在杨家河里玩耍，但没有想到有一天会研究杨家河的历史。2011年夏天我走访了部分杨氏后人，听取了杨氏后人的一些想法和心声，感触颇深，决心研究杨家和杨家河的历史。当年收集了一些资料，之后暂时搁置，但整理和研究杨家和杨家河历史的决心没有改变。直至2015年元月，我在南京图书馆读到了民国《临河县志》中关于杨茂林等开挖杨家河的史实，既为杨氏一门波澜壮阔的开渠历史所感动，又惊叹之前听到的杨茂林的事情与史书记载完全吻合。接着我扩大史料收集范围，遍检南京图书馆、南京大学图书馆所藏民国时期史志资料和当代著述，发现了不少不同历史时期关于杨家河的记载。几个月后，我整理出民国时期关于杨家河的记载以及当代的史志、著述、论文、文学、新闻报道等资料，共计六万余字，编成一本资料集，以作为杨家河开挖一百周年的纪念。2015年夏天，我感觉仅仅一本资料集不足以纪念杨家的历史功绩，就下决心写一本杨家和杨家河的专著。于是在接下来的一年多的时间里，一边收集文献，一边走访杨氏后人，同时还实地调查杨家河渠线和景观。在本书写作过程中，努力做到文献资料与口述历史有机结合，努力做到在考核事实的基础上适当添加自己的评论。这样，经过前后几年的资料积累和一年多的伏案写作，终于完成了书稿。

　　值本书付梓之际，仅向本书写作过程中对我帮助过的亲属、长辈、朋友致以诚挚的谢意。感谢父母对我此项工作的无私支持。感谢杨氏前辈杨恕，自始至终支持本书的写作，不但为我查找资料，而且带我走访杨氏后人。感谢前辈智纯和杨淑贞，耄耋之年仍旧关心杨家的事业，毫不保留自己的所知所感。感谢刘凤仙、刘凤兰、刘文斌，为本书写作提供的口述资料和线索。感谢杨敦、杨平、杨美兰、杨家云、杨家恒、杨家利、杨世华等对本书写作的支持和提供口述资料。同时感谢郭钟岱、刘永河诸位先生的支持和帮助，感谢巴盟档案局提供档案查阅之便。感谢关心和支持本书的杨氏族人和家乡父老。乡亲的支持是我前进的动力，我将在研究家乡、宣传家乡的道路上继续前行。

2017年10月1日于越秀园